地方志災異資料叢刊

第二編

26

于春媚 賈貴榮 編

國家圖書館出版社

第二十六册目録

【民國】當塗縣志

魯式穀等編

抄本

當塗縣志卷之

大事記

邑

周靈王二年春楚子重伐吳克鳩茲至于衡山

景王二十年冬吳伐楚戰于長岸大敗楚獲吳餘皇

漢安帝延光元年秋七月丹陽山崩四十七所（通志載二年）

獻帝興平元年揚州刺史劉繇遂丹陽太守吳景遣將樊能于麋屯橫江

二年折衝將軍孫策攻劉繇牛渚營盡得邸閣糧穀戰具

建安四年吳侯策以居巢長周瑜出牛渚

九年十二月丹陽郡吏邊鴻殺其太守孫翊（先是占者劉惇曰星變災在丹陽某日當險至期翊遇害）

十九年吳侯權以呂蒙爲橫江將軍屯陵口牛渚西北十五里即思賢港

二十年吳侯權以奮勇校尉全琮屯牛渚作牛渚壘

蜀漢昭烈帝章武二年吳王孫權改元黃武築城姑孰

吳王赤烏四年正月大雪平地三尺鳥獸多死府志

十三年八月丹陽諸山崩洪水溢吳王詔原逋責給貸種食

大元元年秋八月朔大風江海涌溢平地水深八尺高陵松柏斯拔府志

吳主亮五鳳元年七月江溢

蜀後主建興三年吳以孫桓爲牛渚督作橫江塢

十年丹陽山民復為寇乃分吳會丹陽三郡險地為東安郡

晉武帝泰始八年八月九年正月十年十二月均地震

太康元年晉大舉伐吳吳王閑王渾南下使丞相張悌督丹陽太守沈瑩護軍孫震軍師諸葛靚帥衆三萬渡江逆戰金牛渚

二年淮南丹陽地震

惠帝永寧年趙王倫篡齊王冏檄揚州刺史郗隆入援將士攻隆殺之于牛渚

永興二年王曠為丹陽守右將軍陳敏反逐曠遣其弟宏屯牛渚以甘卓屯橫江

懷帝永嘉元年春三月陳敏盜據吳會丹陽侯甘卓周玘顧榮以兵攻敏追獲于江東（綱目　晉書陳敏傳）

三年夏大旱江竭可涉

元帝太興元年四月地震

永昌元年十二月旱川谷俱竭

明帝太寧元年夏四月王敦移鎮姑孰屯于湖自領揚州牧（綱目）

五月丹陽大水

二年王敦將舉兵內向帝密知之乘巴滇駿馬微行至于湖陰察敦營壘

又王敦下據姑孰百姓訛言行蟲病食人大孔數日人腹

則死須白犬膽治之又在外燒鉄灼之於是灼者十之七

八白犬暴貴價十倍至相奪

五月大水

成帝咸和三年正月蘇峻將韓晃襲司馬流于慈湖

四年大水

穆帝升平三年以安西將軍謝尚為豫州刺史戍牛渚尚築

南豫州城

哀帝興寧二年桓溫自赭圻移鎮姑孰重修城垣并子帥府

前建子城一道

四年四月桓溫帥步騎五萬發姑孰將自兖州伐燕至枋

頭失利遂移鎮廣陵十一月仍還姑孰 晉書本傳

帝奕太和六年六月大水稻稼蕩沒

孝武帝寧康元年秋以桓沖為中軍將軍都督揚豫江三州諸軍事鎮姑孰 晉書本紀

安帝隆安元年九月譙王尚之右將軍謝琰大破庾楷于牛渚 又五年三月日生齒

元興元年春正月桓元舉兵反至姑孰遣將攻歷陽斷洞浦 綱目

義熙四年丹陽淮南地毛

六年夏五月豫州都督劉毅率舟師二萬發姑孰與盧循戰于桑落洲毅兵大敗大風拔木

宋文武元嘉十二年丹陽淮南大水邑里乘船

二十四年六月大水疫癘遣使給醫藥

二十七年魏主至瓜步建康震懼陳艦列營分守津要自采石至于暨陽六七百里通鑑

武帝孝建元年春二月江州刺史臧質以南郡王義宣反命柳元景王元謨統諸將討之進據梁山洲于兩岸築偃月壘水陸待之大戰于梁山義宣兵潰單舸遁走追斬質首送建康綱目

又南豫刺史王元謨于梁山洲兩岸築偃月城傳作南州

大明七年校獵于姑孰

齊武帝永明元年夏大水

十一年以宜都王鏗為南豫州刺史鎮姑孰

東昏侯永元元年冬十二月齊太尉陳顯達舉兵襲建康敗

胡松于采石

二年夏四月將軍崔慧景有異志奉江夏王寶元舉兵內

向豫州刺史蕭懿自采石濟江戰敗慧景景遁為人所殺

綱目

又蕭衍前軍至蕪湖監南豫州事申胄棄姑孰走衍進據

之既而齊相寶融自荊州東至姑孰禪位于梁

梁武帝大帝元年大旱斗米五千人多餓死

又分丹陽縣置南丹陽郡于采以丹陽縣為之

普通元年七月江溢 府志

大同十一年大雪平地三尺

大清二年十月臨賀王正德教引侯景兵自横江濟于采石遂襲姑孰南津校尉江子一帥舟師迎戰兵潰步還建康通鑑

三年以任約為南道行臺鎮姑孰陳霆洗為南丹陽郡太守鎮采石

孝元帝承聖元年王僧辯等擊侯景侯子鑒據姑孰南州以拒西師合戰中江子鑒大敗僅以身免僧辯留虎臣將軍莊丘慧達鎮姑孰引軍而前綱目

敬帝紹泰元年十一月齊兵渡采石據姑孰以應徐嗣徽陳霸先用韋載策築侯景故壘以通糧道乃自往來采石以迎齊援癸亥徐嗣徽任約襲采石執戍主張懷鈞送于齊

江寧令陳嗣黄門侍郎曹朗據姑孰反陳霸先命侯安都
討平之 綱目

太平元年江州刺史侯瑱擁兵豫章陳霸先遣侯安都周
鐵虎將舟師立柵於梁山以備之

夏五月齊人侵梁踰淮立橋柵度兵夜至方山徐嗣徽列
艦青墩以斷周文育歸路自丹陽步兵進及兜塘建業震
駭

陳高祖永定元年以戴僧錫為南丹陽太守

文帝天嘉五年罷南丹陽縣復隸建康丹陽郡

宣帝太建十四年七月江水赤自建康至荊州色如血

後主禎明二年隋師伐陳廬州總管韓擒虎趣横江寧濟采

石守者皆醉夜半克之戌主徐子建告變後主下詔親征

擒虎攻拔姑孰任忠率數迎降于氐子岡後主亦降綱目

隋文帝開皇九年移當塗縣治姑孰置錯圻鎮于牛渚

煬帝大業十一年冬餘杭賊劉元進攻丹陽右屯衛大將軍

吐萬緒濟江破走之

十三年大旱自淮及江東水絕無魚通志

唐高祖武德二年丹陽諸郡皆降于海陵賊李子通尚書令杜

伏威遣輔公祏將兵攻克之伏威乃徙居焉

七年于梁山築却月城延袤十餘里連鐵鏁于江中

淮南行台左僕射輔公祏反遣其將馮慧亮陳當世將舟

師三萬屯博望山陳正通徐紹宗將步騎三萬屯青林山

仍于梁山連鐵鏁以斷江路築却月城延袤十餘里以拒
官軍李世勣李靖等率大軍與戰大破之博望青林兩戍
皆潰唐書本紀

太宗貞觀八年大水

高宗永徽元年六月山水暴出漂沒盧舍

肅宗至德元年封顏真卿爲丹陽縣子

二載春二月永王璘反引兵東巡進至當塗吳郡太守李
希言丹陽太守閻敬之將兵拒之淮南採訪使李成式亦
遣將拒璘璘擊斬敬之以狥餘皆降江淮大震璘亦漸敗
唐書永王璘傳及綱目

乾元二年置采石軍

代宗大曆五年行營防禦使張萬福討平盧叛將許杲于當塗 通鑑

德宗建中元年罷宣歙團練使復置采石軍使 唐書百官志注

二年江南都團練使韓滉以盧復為采石軍使增營壘習長兵毀鐘鑄軍器

貞元二年魚鱉蔽江而下皆無首五月江溢

八年七月江淮大水害稼溺死人漂沒城郭廬舍

八月遣官宣撫

十三年以采石軍助韓全義討吳少誠于蔡州

憲宗元和三年旱 府志

五年以河南尹房式為刺史兼采石軍使

六年史部奏准勅罷采石軍使

九年大水害稼

穆宗長慶三年宣歙等處旱通志

文宗太和四年大水害稼官出米賑之府志

七年滁和宣州等處大水害稼通志

八年夏大旱

開成四年夏江溢大水害稼通志

武宗會昌元年大水通志

宣宗大中六年淮南飢通志

懿宗咸通七年江淮大水

僖宗乾符五年黄巢渡采石襲南陵刺史王凝以強弩屯采

石遣將往解和州圍

廣明元年夏六月黄巢陷宣州 唐書紀

秋七月巢自采石渡江圍天長六合兵勢甚盛 綱目

中和四年大旱飢人相食

光啓元年正月江水赤數日

文德元年四月和州孫端上元張雄為宣州趙鍠所敗鍠將蘇塘漆朗將兵二萬褐山楊行密自糝潭濟江擊之塘等大敗行密遂圍宣州 通志

昭宗天復二年武陵節度使馮宏鐸率師襲宣州寧國節度使田頵率舟師遂擊于褐山大破之 綱目

三年宣州有鳥如雉而大尾有火光如散星集于戟門明

日大火曹局皆燼惟兵械存 通志

田頵以宣州叛楊行密使臺濛李神福等攻頵破之于葛山及戰于黃池兵交濛僞走頵追之遇伏又大敗

南唐初改當塗爲建平軍後又改爲雄遠軍

元宗保大三年刺史林仁肇築城跨越姑溪加高增廣 見城池

十一年大旱飢民疫死者過半

後唐潞王清泰二年徐知誥稱帝國號唐復姓李幽其主之弟濛殺之于采石

宋太祖開寶元年六月大水江溢壞民田廬 通志

七年遣曹彬伐江南自荊南東下拔蕪湖當塗次于采石

八年滅南唐改雄遠軍爲平南軍

丁卯曹彬大破江南兵于采石擒其將楊收孫震獲馬三

百匹皆賜之馬印文猶在

太宗太平興國二年升平南軍為太平州更名廂軍其教閱

者曰廂禁軍又于城内設馬軍寨

四年大飢

八年六月江水溢溺死者衆九月颶風拔木壞廨宇民舍

千八十七區

雍熙二年三月江南民飢許渡江自占四月遣使給賑

真宗咸平二年救旱賑之

景德元年旱遣使決獄訪民疫苦祀境内山川

大中祥符四年六月大水給民占城稻種擇民田高卬者

蒔之次年旱復給

仁宗天聖四年六月大水肆赦蠲租撫流民

明道元年飢二年發運使以上供米百萬斛賑江淮飢民

命范仲淹安撫江淮摘飢民所食烏昧草進御請示六宮

貴戚以戒侈心

英宗治平三年州守李仲卿始建學宮于子城東南隅見教育

神宗熙寧三年浚新河于采石磯後南接夾河分姑孰入江

之勢行師運餉舟始獲安

六年十月飢賑之

哲宗紹聖三年大旱溪河涸竭

徽宗建中靖國元年江淮旱通志

政和三年旱府志

政和三年州守郭偉改建學宫于城西南隅見教育

五年六月水灾府志

宣和二年十一月水灾

高宗建炎元年李剛請修牛渚磯上城堞垣壁皆壘之

郭偉知太平州金兵攻采石偉力戰敗之府志

二年水灾

三年州守郭偉改築新城始限姑溪于城外見城池

四年太平州守郭偉在城西北隅造軍器監二局綜甲仗

數

紹興元年李剛疏請自建康至姑孰一百八十里于諸要

險屯兵積粟令將士各管地分調鄉兵協力守禦從之以
劉光世守太平州
四月張琪復叛犯當塗縣五月水軍統制邵青叛圍太平
州劉光世始降之宋史本紀
二年命沿江岸置烽火臺起于當塗之褐山續通鑑
六年州守李偷清遷學宮于城東南隅見教育
四月乙酉太平州軍士陸德據城叛囚守張鐸殺當塗縣
令鍾太猷乙未知池州王進討陸德誅之宋史本紀
七年二月丙申大火官舍民廬殆盡六月旱
八年五月巨師古留三千屯太平州歷後李世榮團練使
使來南鎮將駐太平州防禦采石

九年学宫燬于火 见教育

十二年二月辛卯縣火 蕪湖鎮江池州同日火

十三年五月水六月賑之

十八年夏旱 府志

二十三年夏宣州水泛溢至境縣諸圩盡没知縣張緯築堤一百八十里

二十七年大水 府志

二十八年水壞圩隄州守因發盡力完繕凡百二十里旁圩盡決太平獨完

三十一年金主亮南侵虞允文奉命犒師采石矯詔出兵指受方畧大破金人亮焚舟走揚州

孝宗隆興元年大水悉蠲其租

二年水浸城郭舟市廛人多溺死詔賑之 通考

乾道三年知州吳芾始建行春等五門城樓 見城池

五年各州設都統領兵以劉光世屯太平州

六年五月水城市有深丈餘者人多流亡詔免身丁錢

七年三月旱賑之

九年五月水漂民居壞圩湮田

淳熙六年秋水壞圩田

八年歲大飢發廩蠲租遣使按視民有流入江北者令所在賑濟之

九年春正月庚寅詔江浙旱傷貧民播種計度不足者貸

以橋積錢

十一年五月大霖雨禁諸州過糴

寧宗慶元三年知縣趙汝勳始建縣署于府治西乳官署

嘉泰元年旱賑之仍蠲其賦

開禧元年旱賑之

嘉定二年蝗旱大飢斗米數千錢人食草木詔七歲以下男女聽異姓收養著爲令

八年七月詔發米三十萬石賑糶江東飢民

十四年定采石鎮駐御前水軍五千人聽守臣節制

十六年冬十一月辛卯大水詔賑之

理宗寶慶元年江防制置使姚希得于采石置戍卒營房三

千餘間

三年知州綦奎增築南北水關二甕城一見城池

端平元年五月蝗

嘉熙四年六月大旱蝗

淳祐六年州守陳塏始建天門書院於大信鎮見教育

景定五年始建丹陽書院於黃池鎮見教育

度宗咸淳元年大飢詔賑避難流民

八年大水知州孟之縉救卹之民為立碑亭

恭帝德祐元年八月飢疫

賈似道出師次蕪湖軍敗道往揚州元兵至太平知州孟之縉以城降元

元世祖至元十四年江東宣慰使張弘範始建采石書院于采石鎮（見教育）

十六年都經請置戍邏于采石

十七年大飢

二十七年十一月大水詔賑之

置鎮守萬戶萬戶府於太平路設兵馬司分守四門爲百戶領兵守禦主防盜賊又立沿江行樞密院調率軍馬增戰船習水軍

成宗元貞元年夏大水

二年總管董章等倡修欞星門及殿宇堂閣百二十餘間逮大德三年工始竣（見教育）

二年六月大蝗民飢發粟賑之

大德二年夏四月大蝗

四年二月旱詔賑之

泰定帝四年大飢免其租稅仍賜粟賑兩月

文宗至順元年閏七月大水

二年大水壞田

順帝至正四年總管高子明重建大成殿見教育

十五年朱元璋攻拔太平路置太平興國翼元帥府自領元帥事

十六年元兵屯采石常遇春出奇兵攻破之縱大焚其連艦橫江之勢遂衰

二十年陳友諒殺其主徐壽輝于采石江上自稱帝國號漢改元大義以采石山之五殿通為行宮殿羣下立江岸行禮值大雨畧無儀式人皆笑之

閏五月陳友諒率舟師犯太府圍其城守將花雲朱文遜院判五鼎知府許瑗率麾下三千人結陣迎戰三日城陷俱不屈死之

友諒進駐采石旋寇建康高帝命諸將擊追戰于灌渡橋大敗之遂復太平

明高帝洪武元年以舊肅政廉訪司改建縣治知府潘有慶增築堞樓並見輿地

三年縣令呂愷倡建縣學宮於行春門內見教育

八年秋八月旱詔免田租

十年夏大水免田租

成祖永樂十四年十一月初六日縣廳及六房燬于火見官署

永樂時設安家寨于采石望夫山下屯兵鎮守采石志

宣宗宣德九年春至秋大旱江湖涸竭麥禾無收民艱粒食

剝樹皮為麵啖之疫癘並興道殣相望

英宗天順六年知府俞端等重修城垣外甃內土見城池

憲宗成化六年水詔免糧稅

孝宗弘治三年知縣元霖倡建縣號舍三十一楹見教育

十年復奉例僉設民兵

十五年巡按御使劉淮倡鑿府學宮泮池見教育

大六年十七年連旱大歉

武宗正德二年二月地震有聲房屋搖動移刻

四年大旱是年八月内晚有火塊自西北東流散作三段

天鼓隨之

五年夏大水舟入市中至秋方退

八年麥將熟忽黄紅砂霧傷其根粒人不得食

十年砂穀麥如八年

十一年御使張仲賢建縣學齋廡七十二楹見教育

十二年大水凶荒

十四年夏大水羣蛟出江湖泛漲至秋未退麥稻皆不登

死者載道

又改民兵為營兵於采石設參將統轄之

世宗嘉靖二年自二月至四月不雨知府傅鑰虔禱五月五日大雨然栽蒔愆期禾僅半獲

三年大飢人相食

八年大水奏免糧十之三

九年舊水不退加以春雨連綿田疇成湖麥禾無收免田租之半

十四年旱飛蝗蔽天

十六年大水

十八年大水漂没民田

二十一年八月白日無雲而雷火光燭地山雉悲鳴移刻

乃息

二十三年春大飢斗米銀三錢

三十四年九月倭寇由蕪湖入當塗轉犯南京

神宗萬曆三年遷學宮於廣安門内 見教育

八年知府錢立始建青山書院於城内馬軍寨 見教育

十一年知府林一材脩城置堞削土鑲磚 見城池

十三年二月地震房屋搖動

十四年水 府志

始闢龍津門合舊五門為六門 見城池

十五年水圩鄉盡沒知府車嘉楨宿花津天宮妃司餘晝

夜救水

十六年大飢死者枕藉

十七年江水泛溢地中平地水深數尺 通志

是年民有發窖金於四條巷金上有嘉祐字以上縣令章

嘉禎嘉禎以上所窖金建金柱塔

二十九年始建大成坊於龍津門外 毛教育

三十一年四月水關濟澗中水無故沸騰人家盆盎之水

亦然江南數百里皆如是

三十六年大水群蛟齊發江漲丈餘圩岸皆潰田當至蕪

無陸路可行民剝樹皮草根以食知縣朱汝鰲於官圩作中

心埂三十餘里自青山達黃池至今賴焉

四十年水

四十一年大水十字圩又壞

四十三年重陽大雪

四十四年二月大雪彌月山獸至平原人手縛之夏大蝗

四十五年蝗復甚郡縣令捕之里納數石如數受賞患始息是年江北田鼠渡江每羣十計水中彼此相銜至田食苗月餘方止

四十六年巡按御史駱駸曾發帑濬市河達泮成乾溪渠二梁見教育

四十八年八月十一日地震有聲如雷本日乃貞帝誕日

熹宗天啟元年元旦前後大雪四十餘日深六七尺野鳥餓死

三年冬大十二月丁未地大震先是閏十月壬辰夜有大餘大龍墜院側巷動盪閃蛛游入民居別形忽小如蜈蚣西角光燄案衆駭之遂入水中既而大災四發地震裂有聲

四年六月大水七月漲之

七年正月大雪十日雪時忽大雷電

思宗崇禎六年旱晚禾薄存大風偃之無遺粒大飢九月丁未大風飄瓦折樹人不能立

又設采石營參將一員駐采石鎮後并操江整飭池太兵備道巡江察院各設營兵汛守

又命將采石下江口炮台移建上口於五通殿下錄采石志

七年夏紅毛鼠渡江來損田禾青山下更甚剖之無官無腸入人家之鼠齒死之

九年四月天鼓鳴自西南向東北

十一年旱蝗大疫

十三年大水蝗

十四年旱大飢疫

十六年知府鄭瑜增築城垣易磚以石見城池

十七年異鳥來作恨聲次年屠城焚民居過半

六月星隕於清源門内劉姓家隕火十餘處照曜如白晝

清順治二年左夢庚兵潰上游黄得功移師駐太郡禦之敗夢庚於板子磯

五月清師下江寧得功自當塗屯蕪湖福王夜半出奔道經當塗官民失迎衛抵蕪湖命得功屠當塗城焚殺擄掠

甚慘清師至蕪湖遂擒福王歸江寧

六月大雨雹暴風拔木

八月官圩橫山一帶盗賊蜂起内院洪承疇調各營分頭
搜剿屠戮甚多

二年并采石營以建陽衛專司屯運又增設太平左右二
營為操江標

三年春恒雨雹暴風拔木城内棹楔多仆

七年正月朔日食既次日即大雪一夜聲如吼虹見越六
七日不霽

三月虎來采石鎮覓之

是年地中生毛引之如絲可三尺

八年六月大雨水田半澇

十月朔日食既移刻昏黑雞犬驚號

十一月天鼓鳴

九年大旱江潮不至

十年冬大雪水厚數尺簷水挂地木多凍死

十三年秋七月癸亥明張煌言會鄭成功水師至蕪湖拔和州以窺采石一時下當塗諸縣二十有四太平守將降之夏燮明通鑑新增

康熙九年采石江標并歸總督尋文改游擊為蕪采營駐蕪湖遙領采石屬江南提督

二年九月大水城市皆淹禾實壞半

七年六月地震垣墻多傾倒者如舟行被蕩數刻方寧

八年十月庚辰時雷電申酉戌時複大雷電壬午酉戌時雷電共時石礎大潤薔花榮桃李木芍藥俱華夜大風甲申嚴寒酉刻大雪

十二月甲申大雷電微雨天赤色明如夏抵暮雨霰

十年五月至七月不雨冬大雪

十一年知縣寇明允修城見城池

十二年地生毛如髮長者盈尺府志

十五年知縣高起龍增修五門城樓見城池

十八年夏大旱詔免被災八九十分田畝稅糧有差

二十一年奉旨修葺學宮易欞星門石柱見教育

二十二年己亥十二月朔嚴寒人多凍死越八日轉熱雷電交作暴雨如注采訪冊

二十三年大水圩岸崩壞十之三田禾淹沒

二十六年至三十年蝗有先發不錄者而此為甚

二十九年冬大雪橘橙凍死

三十年春民謠言相驚或見如燐者或黑物如犬附地者四鄉置兵守望數月乃息

三十二年夏旱詔免本年漕糧三分之一

四十六年夏大旱秋七月望後如雨挽禾猶有秋

四十七年夏秋大水圩田破盡民無食發倉穀賑濟詔蠲四十八年地丁銀

四十八年夏秋大疫死者相藉

五十八年五月十九夜雷電交作大雨如注横望山東西共發蛟四十餘處田禾民房橋梁淹没傾圮不計其數舊志備遺

雍正四年五月辛丑大風拔木吹墜淩雲山塔頂是年水災甚

五年夏秋水十月初前後十日内大雨紅菉豆形似小麥無蒂

八年知府李暲始建翠螺書院於采石

十年三月雨碩數次浮水面

五月癸未未時天鼓鳴自西南向東北

乾隆三年秋大旱東北鄉被災五分至十分

九年七月壬辰大風拔墮金柱塔頂於河

十年重修大成坊易木以石 見教育

十年五月東鄉南有蝗令民捕滅之禾苗無害

二十年大水圩田破盡

二十九年水災淹沒圩田十之八

三十一至三十二年俱水災田禾多沒

三十四年水田禾減收

四十年夏秋大旱山圩田均歉

四十三年水圩田破盡

四十八年移建翠螺書院于清源門内 見教育

五十年大旱山圩田均歉

五十三年水圩田減收

五十四年十二月十八夜大雷雨

五十八年夏秋水溢田禾多沒

嘉慶五年淫雨爲災淹沒圩田

七年水溢圩堤多潰

九年夏淫雨兼旬江潮陡漲全境圩田均潰

道光元年大水圩潰

三年蛟水大發壞田廬無數 通志

四年大有年 通志

十一年大水 通志

十二年大疫通志

十三年大水破圩通志

十五年十九年二十年均大水破圩通志

二十二年海疆告警安徽巡撫調潛山宿州等營駐防四褐山通志

二十八年江潮大發破決圩堤通志

二十九年前四月杪霪雨浹旬橫山蛟出七十餘處全境圩堤破決城內水深丈餘為空前巨災

咸豐元年正月地震三月復震通志

正月洪秀全稱太平天國調安徽兵赴廣西當塗守兵亦奉調前往通志

三年碩鼠食禾（童謠云你打鼠我發綠你救灯我動身各鄉用賽龍灯而鼠亦盡）

正月二十七日太平軍由四褐山順流而下城陷提兵陳勝元殉難清大臣向榮統師躡其後旋復之（見易象紀事）

四年二月初八日太平軍楊秀清由蕪湖敗金柱關陷太平安徽學政孫銘恩被執不屈死居民死者以千計

閏七月十四日清向帥率軍攻克縣城縱火焚民居全城俱燬太平軍旋至墜城運磚至金柱關築天保城雄互數里

八月太平軍退守采石清軍攻克之縱火焚民居鋪宇全

鎮為墟

咸豐四年知縣趙光緒遷縣治于椽橋鎮（見官署）

十二月清軍出屯黃池時縣治復移駐于此

五年十一月初五日甲子溝池塘壩水閘 靈墟後志

六年大旱飛蝗入境食苗

四月翼王石達開由寧國進路黃池休兵於小丹陽旋由博望進陷溧水 靈墟後志

七年太平軍由黃池三路往攻寧郡

八年天雨麥豆 通志

正月太平軍糾合江北捻首李長壽等由當塗青山鎮進攻黃池 粵氛紀事

七月清軍攻克黃池太平軍復陷之將弁先後陣亡者數十人 粵氛紀事

清大臣和春進攻雨花台伏兵慈湖太平軍果自雨花台來攻遇伏大敗之

九年十一月丁亥周天受進攻黃池克復南岸 方畧周天受疏

十年三月戊寅太平軍由黃池北岸扑牛頭山副將吳再升擊却之 方畧周天受疏

十一年九月粵兵入金保圩大官圩人民死亡枕藉村落為墟飢民食樹皮草根盡間人肉 采訪冊

同治元年四月李成謀會集各師船進攻采石上薄金柱關會太平軍援至遂引還

四月二十日曾國荃彭玉麟等率師克復太平旋攻金柱關下之東梁山蕪湖亦下所有敵壘悉平

閏八月蘇浙太平軍大舉上擾由藏漢橋窺伺金柱關以圖橫斷寧國金陵之路彭玉麟督師五戰却之太平軍退

薛鎮

十八日太平軍由東壩犯小丹陽出戰艦百餘艘分布固城等湖圖出江玉麟率師飛划擊之相持數日未下

九月初五日太平軍群集龍山橋結筏偷渡進逼金柱關適楊岳斌來援奮擊互有傷

初八日朱南桂調蕪湖谷營分巡諸家灣梅塘嘴一帶自率所部渡河焚毀諸壘太平軍退魚壩

十八日清軍水陸大舉會剿大戰於花山太平軍大亂紛退上駟渡浮橋所斷死亡過半

二十一日清軍水陸會攻官圩大隴口青山窑頭等處遂破花津兩岸堅壘截獲划船無數

二十五日水陸會攻太平軍于洞陽象山破之

二十九日成發翔等留軍堵守塘濟自率湘營進湖雕勦截獲敵船四十餘艘自是蕪湖金柱關六十里內遂無敵蹤（以上俱見曾國藩彭玉麟疏）

十一月太平軍糾衆出東壩圍奪金柱關連擊於花津上駟渡萬頃湖等處敗之

十九夜水師萬化林奪敵船數十隻擒偽王清天安陳緒賓

二十六日追擊太平軍於戚家橋涂家渡破之奪獲船礮

甚多太平軍退入官圩不出諸家灣梅塘嘴沿河築六十餘里兵民合力守禦之（唐營兵事略）

二年正月羅逢元攻克薛鎮太平軍退往花津遇伏又大敗之

二月朔大霧太平軍由新圩角偷渡襲劫之退入官圩初三日清師水陸並進毀萬頃湖浮橋及壘卡十餘座復至上駟渡始歸

十六日太平軍謀襲諸家灣清營會援軍至合力痛剿敵死殆盡

三月清軍會攻黃池克之次日連破伏龍橋護駕墩花津各營壘太平軍遁往金寶圩溧水丹陽一帶自是金柱關

逆告無事而蕪湖寧國亦通

九月十九日清師克復博望追敵至長流嘴丰隨入湖

九月杪彭玉麟以太平寧國等縣久為敵藪遂親督水陸各軍會剿收復各要隘當塗全境遂告肅清以上曾國藩疏

四年霪雨淹苗

是年清軍克金陵折天保城塼石脩金陵城見城池

又知縣陳斌重建縣署於孝蓮坊巷內見官署

七年山水漬沖圩堤九月地震通志

八年大水

九年曾文正奏長江建五省水師提督署于東十字街見曾文正公奏議

十二年知縣唐景皋知縣周鎔等重建縣學宮 見教育

光緒三年飛蝗蔽天罔食禾苗

五年大灾

七年二月初陰雨雷電霰雪深三尺許繼以冰介殺樹 吳堤續志

八年三月雨雹六月江湖溢圩破

十一年夏大水官圩及各小圩均潰 采訪冊

十三年夏大水官圩又潰 采訪冊

十六年九月二十日巳刻火藥局失慎轟斃三十餘人傷百有餘人延燒縣署及偪近民居甚多

十九年學使吳曾重建翠螺書院 見教育

是年五月十七日下午大雨竟夕蛟水江潮併至環境圩堤除西南鄉之寧保順成四埠外均潰決

二十六年七月浙江枭匪作亂近城土客各匪合謀發難知府劉沛然水師副將楊福田獲匪十數置之法始靖

二十七年六月初二日大風雨山水江潮并發全境圩隄除寧成順保年四埠外悉破

二十八年夏疫癘流行

三十年冬十月初七日子時雷十二月十二日戌時又大雷雨

三十二年大水十一月初三日夜雷

是年知府汪麟昌就督學試院改建郡學見教育

又就翠螺書院改設太平府中學堂見教育
三十三年知縣錢人龍遷縣治於三條巷内見官署
三十四年三月十五日雨雹傷禾雹中有紅豆秋九月桃
李俱花
宣統二年除夕地震雷雨交作
三年正月初二日下午地震六月十七日夜大風雨淩雲
塔圮龍王靈墟等山蛟出全境圩隄潰決漂没廬舍無數
七月初四日大風墮大成坊頂坊
八月十九日武昌起義水師提督程永和知府王詠霓知
縣范緒鳴同知者蓋臣經曆李慶雲縣丞朱式憑等均棄
職潛走九月間乡開全縣民衆大會首先反正組織縣議

會及民政財政司法三機關創立革命軍告獨立故清社
既屋地方七屯無驚

中華民國元年三月十日水上警察楊傳清謀變佔領城區警
察局鳴槍示威商會長鍾韵珊被傷評議員熊保安中流
彈死傳清旋亦正法

二年二月二十七日酉時地動屋搖如舟

三年十二月二十三日二十五日均有雷

是年知事宋燦遷縣於舊協署見署官

五年　月大總統袁世凱稱帝改國號洪憲元年雲南督
軍蔡鍔發難組討袁軍旋廢之

四月初六日大雨雹五月二十四日大風折奎樓

六年正月初二日辰時地震六月十四日夜流星如車輪
光耀耿天彩刻有聲隆隆然
七月二十一日夜定武軍索餉譁変西街南寺巷一帶被
刼經統領程德修捕殺首要始靖
七年十一月初五日亥時地震
九年改督學試院為省立第八師範學校見教育
十一年秋有物自地中出形如猪毛数日而滅
十二月二十八日亥時大雷雨
十六年二月革命軍第六軍軍長程潛率師自蕪湖來攻
北軍司令吳可章敗走以彭源輸為當塗縣長
四月省委縣長朱克剛来接容景芳團長力偪彭源輸交

御彭拒之十九日圍攻縣府逮繫獄適某團招編新軍營謀攻殊釋彭五月二十日漏夜襲擊殊率所部潰走值客國全部至十三日反攻死傷殺戮甚慘縱火焚東十字街民居被劫者衆

十七年旱蝗十二月十六日地震

十八年正月初二日地震十一月大雪殺樹木地復震

春三月　日夜縣府二堂不戒於火縣長鄧溢秋方宿民家

夏四月旱米價騰貴斗米值錢五千文

冬十二月大雪深三尺河渠水合厚尺許人行冰上旬日未解樹木多凍死

十九年地生毛五六月均大風壞民居船舶無數雨雹大
如鵝卵冬大雪冰厚如十八年
二十年正月土匪擄官圩保安隊長楊得才禦匪死之三
月駐防皖南旅長王樂善調兵駐圩痛剿獲匪三十餘人
正法地方始靖
夏六月之交江水溢圩堤盡破城內水深數尺居民繕治
城牆垣之
(後)二十二年秋田鼠損禾
(前)二十一年疫癘流行
十二月十三日下午七時星隕於石臼湖陰光曜如白晝
歷五分鐘聲若雌雷隆隆然散落東鄉長流觜汊埂湖陽

等處寬廣約十五里大小若盃盞卵丸不等色黝黑如鐵

二十三年夏大旱五月至七月不雨塘堰俱竭田禾枯槁

【雍正】建平縣志

（清）衛廷璞纂修

清雍正九年（1731）刻本

吳越當之從星紀之所屬也

祥異

宋

大觀元年四月二日甘露降於縣凡十有二日知縣李一旦揭榜紀之因名邑西門曰甘露

紹定元年四月八日瑞麥生於野一莖四穗知縣袁君儒圖而上之刻石縣治

明

成化間縣南門十里居民王氏庄前有楓樹初生

二尺許卽岐而爲兩榦又二尺許復合而爲一因

名其地曰鴛鴦楓至嘉靖末年其家伐而爲薪根

拙一蘖其分合復如前云

嘉靖七年四月有鸜鵒巢於樹卵翼生雛毛羽純

縞牧子得之獻於官

嘉靖八年六月飛蝗蔽天

嘉靖間夏村生連理樹十年後生貞女夏氏人以

爲連理之應云

萬曆二年八月縣東四十里山出蛟屭頭刻洪水

暴至澎湃洶湧漂没甚衆三日始退

萬曆十四年十月溪南鎮山邊倏有一熊勇猛異常折樹巨枝如拉朽人環攻之走於淖中被擊而斃

萬曆十五年春霪雨不絕水浸民居斗米值三錢

十六十七年連歲大旱

萬曆二十三年五月十七日大雨三晝夜水大湧溢破圩七十餘所

萬曆二十五年縣西南七里赤山青山色紅赭至

是忽青歷三四載不變

萬曆二十七年二月縣南四十里地名鴛鴦楓生竹一本出地尺許即分兩幹而上高二丈餘

麥穗兩岐或有三岐者

五月山東里園中茄一蒂並生五實

萬曆三十六年大水圩堤盡没

萬曆四十五年大旱飛蝗蔽天

天啓三年冬地震

天啓四年大水

天啓五年大火自吳家巷起至雙井止延燒居民千餘家

崇貞五年冬雨木氷

崇貞七年六月儒學前擊斃兎雀萬餘頭

崇貞十一年大旱蝗

崇貞十六年善政坊一士人家雞雛生四足

國朝

順治二年三月有文士十餘人飲酒於市旁有犬忽作人言曰汝等都是鬼因驚而叱之又曰滿

衔都是鬼迨五月十有五日馬士英兵至殺人千餘至閏六月二十八日復殺人數千骸骨相枕市中虚無人

四月四日　宣聖廟櫺星門無風自開

順治十一年四月東郊外麥一莖兩穗

順治十八年旱

康熙二年大穰

康熙三年大穰

康熙四年水

康熙七年豐稔

康熙十年旱

康熙十一年水

康熙十三年豐稔

康熙十八年旱

康熙二十三年水

康熙二十九年大雪

康熙三十年豐稔

康熙三十二年旱

康熙三十八年豐稔

康熙四十三年豐稔

康熙四十七年水

康熙五十三年旱

康熙五十五年旱

康熙五十六年豐稔

康熙五十九年豐稔

雍正元年有飛蝗一隊長數十丈自北而西經過地方禾稼無損是年大穰蝗不爲災咸以爲瑞

雍正四年水

雍正五年水

雍正七年五穀成熟百植豐收士民歡慶合詞請
詳入志載藝文

雍正八年西鄉水

雍正九年豐稔

【光緒】廣德州志

（清）胡有誠修　（清）丁寶書等纂

清光緒七年（1881）刻本

廣德州志卷五十八

雜志　祥異　兵寇
　　　軼聞　叢綴

志何以終於雜也祥異爲天事而實由人興瑞不足矜災當知所以弭也兵寇爲人事而實隨乎天運因乎地勢備禦在平時敬慎在臨事也之二者不恒有而皆不可不知州之事多矣其應載於前者已無或漏而零篇剩簡咸入搜羅謂之軼聞他若街談巷語幽怪傳疑宇宙間所不必有而此邦傳說信而有徵亦不宜概削愼取之爲叢綴蓋雖一帙之書而上下數千年之事存焉

矣

祥異

五行災沴歷代皆有史志書之以爲占驗葢寓勸戒之意焉萬歷志分瑞應災異爲二門瑞固寥寥災亦闕陋夫廣德之瑞孰有如孝武神龜之獻乎其災異則自宋紹興以來見於正史及通考者甚明乃於宋僅列三條而建災德祐一條皆兵寇也與災異何涉元世水旱亦皆不載今以祥異統之使知以虎渡河爲偶然者眞長者之言而棄常妖興爲君子所深懼

也

宋孝武帝大明三年三月戊子毛龜見宣城廣德太守張辯以獻（宋書符瑞志）（案是時廣德隸宣城故郡守以獻）

（案）自漢迄唐史所紀災祥皆舉郡曰丹陽宣城無專言廣德者惟劉宋此則爲瑞之最著者今首列之

宋徽宗大觀元年甘露降於建平縣凡十有二日（通志）（據門志在四月二日）

二年廣德軍芝草生（宋史五行志）

高宗紹興四年廣德水害稼（文獻通考下同）

案是年安豐紹興寧國廣德筠州皆水害稼〔通考〕連書之今專書廣德從省文也後倣此自此至明初凡史傳書廣德者皆統所領一縣言之其專屬建平者直書建平洪武以後領一縣故凡專屬本州者不復言州或州與建平同者則書州屬

孝宗隆興二年七月廣德軍大水〔宋史五行志〕

乾道六年五月廣德軍大水〔五行志水屬又土屬云冬廣德軍饑〕

九年五月廣德軍水〔五行志　續文獻通考云民艱食〕

淳熙二年旱廣德軍爲甚〔五行志金屬　又土屬云廣德軍亦艱食〕

三年八月水廣德軍建平縣尤甚（五行志）

七年大旱廣德軍尤甚（五行志金屬）又土屬云廣德民大饑

（案）是年旱饑亦見（文獻通考）其（注）云合出常平米賑之（萬歷志）書宋時廣德饑止此一年又云太守張賁出常平米賑之考是年守係耿秉非張廣據通考賑米出自朝命亦非守也（楊門等志）删之爲是

八年七月不雨至於十一月廣德軍旱（五行志金屬）又土屬云大饑

十年廣德軍旱（本紀）

光宗紹熙三年廣德軍自己亥至於六月辛丑朔雨甚（五行

志本屬　六月辛丑建平縣水敗隄入城漂沒民廬（五行志水屬）

四年五月廣德軍屬縣水害稼（五行志下同）

甯宗嘉定八年春旱首種不入至於八月乃雨廣德旱爲甚

十一年秋不雨至於冬廣德軍旱（又文獻通考云蔬麥皆枯）

十六年五月水廣德軍爲甚

理宗紹定元年建平縣麥一莖四穗（門志）（通志作廣德案門志作四月八日瑞麥云云麥之生難以日紀故去之）知縣袁君儒圖上之刻石縣治（縣志）

元世祖至元二十八年三月廣德路饑（元史五行志帝紀續通考同）

成宗大德元年六月廣德路饑（元史五行志）

案是月書饑者止此一路

二年正月廣德水（元史帝紀續通志同）

六年十六年廣德路饑（元史五行志帝紀同）

武宗至大元年春正月廣德路饑（元史帝紀下同）

英宗至治元年夏四月廣德路旱

泰定帝泰定元年正月廣德路廣德縣饑（元史五行志下同）

案帝紀書廣德路五行志并書廣德縣則知是年之

饑獨在廣德縣也

二年五月廣德饑

文宗天曆元年八月廣德路水（元史五行志帝紀同）

二年四月廣德路饑（元史帝紀下同）

至順元年二月廣德路饑

明太祖洪武元年廣德旱（明史帝紀）洪武元年閏七月免廣德被災田租二年詔稱廣德去歲遇旱

太宗永樂十八年旱（萬曆志）（案此下參用穆門李縣等志其同者不復注互異者注）

憲宗成化十六年祠山廟災（萬曆志下同）

孝宗宏治五年迅雷擊祠宇公署獸脊　四月奸人王寶

冒稱廣德守同知察其僞執之伏罪

十三年潢水塘清是年烏集公座鶴產譙樓鴝鵒變白

州守孫紘有德政民以四者之瑞其所感云

十四年六月水溢州城

十六年五月佑聖閣災

十八年秋九月地震

武宗正德二年妖魔晝見　桃李冬花

三年大旱子粒無收草根樹皮採食殆盡

四年春饑人相食　夏大疫死者萬計遺骸載道　秋大水灌城　冬冰堅地拆禽獸草木皆死

八年蓮並蒂　白兔見

十五年譙樓鐘不叩自鳴者數日知州江暉命杖之乃止

十六年麥一莖三穗　竹一榦雙莖　枯桂重榮　潢水重清　時謂知州江暉政理人和所致

世宗嘉靖三年疫癘大作

四年春三月隕霜殺草　秋八月蝗蟲害稼

案是年蝗蟲楊志作蝝考蝝之名宋以前未之見宋史五行志始載太平興國元年七月泗州蝝蟲食桑又雍熙三年四月天長軍蝝蟲食苗蓋食葉之蟲也獨江南有之史不詳何狀此間所謂蝝小而白色傳苗咂葉動之屑落如麥麩浮水須臾躍起傳葉如故苗爲萎落亦有青色者殆以形似爾雅蛓蝝人因呼蝝與其蟲與蝗迥別且此係嘉靖年事舊志所載當得其實不知楊志何據而改之也

五年霪雨害稼

六年秋七月雨雹大如拳禾稼及鳥獸觸者皆死

七年四月建平有鸛鵠巢於樹生雛毛羽純白牧子得之獻於官（縣志）

八年六月飛蝗蔽日不害稼（萬歷志下同　案志又云廣德有蝗自此始然四年已書蝗矣）

十二年冬十一月花紅滿樹如春

十四年夏秋不雨　九月蝗蟲大作

十五年春三月蝗蟲食麥兼害禾秧本州示民捕蝗一石給穀一石後連日霧霾蝗遂滅不爲害（案是時知州朱麟

嘉靖間建平夏村生連理樹十年後生貞女夏氏人以爲連理之應云　又有楓曰鴛鴦先是成化間縣南四十里居民王氏庄前有楓樹初生二尺許卽歧而爲兩榦又二尺許復合而爲一因名其地曰鴛鴦楓至嘉靖末其家伐而爲薪根抽一蘖其分合復如前云縣志

神宗萬曆二年八月建平縣東四十里山出蛟蜃洪水暴至漂没甚衆三日始退縣志下同

十四年十月建平溪南鎭山邊倏有一熊折樹巨枝如拉朽人環攻之走於淖中被擊而斃

十五年春霪雨不絕建平水浸民居斗米值一錢（門志下同縣志作三錢）

十六年建平大旱

十七年譙樓災（萬曆志）　建平大旱（門志）

二十三年五月十七日大雨三晝夜建平水大湧溢破圩七十餘所（縣志）

二十五年祠山近斗樓災（萬曆志）　建平縣西南七里赤山色素赭至是忽青歷三四載不變（縣志）　粟志云赤山青山色素赭似多青山二字故去之

二十七年二月建平鴛鴦楓（地名見前）旁生竹一本出地尺許卽分兩榦而上高二丈餘　麥穗兩歧或有三歧者

五月山東里圍中茄一蔕駢生五實（縣志下同）

三十六年建平大水圩堤盡沒

四十四年九月廣德蝗蝻大起禾黍竹樹俱盡（明史五行志）

四十五年建平大旱飛蝗蔽天（縣志）

四十七年舍東都地拆數十丈深廣五尺（李志）

（案）李志原文有天牛耕地每一犂深廣五尺長數十丈殊屬荒誕故去之

四十八年地震楊志

熹宗天啟二年祠山殿災楊志　冬建平地震門志

四年七月地震楊志　是年建平大水門志

五年建平大火自吳家巷至雙井延燒居民千餘家門志

下同

懷宗崇禎五年冬建平雨木冰

七年六月建平儒學前鑿甃瓦雀萬餘頭案鑿字上有脫字或鑿字誤

十一年建平大旱蝗

案富春陳起龍戊寅秋日陟橫山詩云欲覓招提問化機平原一望映斜暉遠空楓葉飛紅綺古剎鐘聲出翠微御輦時怨勞驛豐碑雄視共瞻依公餘出郭聊停節滿目蝗蝻淚欲揮據此則是年之蝗不獨建平矣舊志失載

十二年旱蝗不爲災錫志下同

十四年大旱蝗斗米千錢遺骸載道

十六年建平善政坊有士人家雞雛四足縣志

十七年州西災延燒數十間案以間計者一家之屋如晉志國子監焚房百餘間是也數十間不言某氏屋當是數十家除夕州前寨門即今州治頭門蓋以舊爲軍故稱寨門無故夜扇錫志

國朝

順治二年春正月朔開印鎖固不可啟破篋出之　李生一子大如瓜（楊志）　三月建平縣有文士十餘人飲酒於市旁有犬忽作人言曰汝等都是鬼驚叱之又曰滿街都是鬼迨五月十五日馬士英兵至殺人千餘至閏六月二十八日復殺人數千骸骨相枕市中虛無人　四月四日建平　文廟櫺星門無風自開（縣志）

十一年建平麥秀雙歧（通志　案門志作四月東郊外麥一莖兩穗）

十二年旱災（通志）

十八年建平旱（縣志）

康熙二年州屬大穰（李志）

三年建平大穰（縣志下同）

四年建平水

五年正月虎傷人先是千畝園地方有篠篁叢稠亘二十里爲虎窟穴自上年秋冬屢出肆虐知州楊葩命獵戶以火炮擊殺者數十至是報傷累累乃爲文祭虎神而盡伐叢篁焉（見楊志）

七年建平稔（縣志下同）

十年建平旱

十一年建平水

十三年建平稔

十九年正月潰水塘澄清二月餘（門志）案梅鋗云止半月餘　建平旱（縣志）　是年有虎傷人及畜知州門可榮有牒城隍司驅虎文（門志）其文云各鄉保報猛虎無數橫行原野盤踞山林到處傷人及畜不勝切齒痛心又云涼德薄才履任乏善當卽此年故附于此

二十一年四月佑聖閣災（門志）

二十三年建平水（縣志下同）

二十九年建平大雪

三十年建平稔

三十二年州屬旱（李志）

三十八年建平稔（縣志）

四十年烈日中雷電迅擊風雨驟至泮池水湧數尺有物蜿蜒直上櫺星門盡仆（李志）

四十三年建平稔（縣志下同）

四十七年建平水

五十三年建平旱

五十五年州屬旱（李志）

五十六年建平稔（縣志下同）

五十九年建平稔

雍正元年建平有飛蝗蔽天（原文云一隊長數十丈）自北而西所過

禾稼無損是年大穰

四年建平水

五年建平水

七年建平大稔（縣志稱成熟云云）

八年建平西鄉水

九年建平稔

乾隆元年北山猛虎成羣食人甚夥白晝人不敢行知州李國相有告城隍驅虎文李志

四年北鄉麥一莖兩穗李志　州後圃池白蓮並蒂州守李國相有詩多和者合爲一册

十六年大旱荒

十七年夏旱

二十年秋蝝害稼

二十一年春大饑斗米錢四百文民食秕糠及橡子

濮陽模乙亥丙子荐荒紀事詩辛未雖大旱仰賴
皇仁彌乙亥復荐荒禍延及丙子夏間風雨時良苗碩且美誰知秋風來有蟲細如蟻攢囓禾莖中禾葉皆披靡豐忽變爲凶千塍槁若燬比戶盡啼饑村落半逃徙春初抑米價米價越騰起斗米四百錢中有五升水水米亦難求持錢空入市市中何所有橡子及糠粃木皮百草根種種皆供嘴勸賑名救荒大半欲肥己東西兩粥廠日僅數斛米清湯不療饑得者更無幾城外叢塚高累累皆新鬼即此餓莩徒催課甯饒爾朝飲官裏粥暮受公庭捶生者鬻妻孥死者累隣里天災尚可支人害何能抵誰描鄭俠圖上達
九閽裏

二十二年有狼白日入人家噬小兒甚夥江南舊無狼至是忽有之相傳狼畏圈多以炭或紅土畫圈牆上以辟之濮陽模有紀異詩

二十八年秋地震

三十七年五月霖雨大作忽夜震雷有蛟自山出溪水暴漲漂没廬舍多溺死者諺云五月壬子破水在山頭過是歲五月壬子日雨果有此應（濮陽慎有溪漲行哀溺行紀其事）

四十年夏旱荒　六月民間相傳小兒有災著紅兜肚可免數日而遍　冬十二月二十五日夜大雪有雷

四十一年夏四月水

四十三年夏旱

五十年春二月夜地震有聲　自夏至秋不雨斗米錢

五百文民食草根木皮幾盡溧陽交界山有土青白色
取和麥粉藉以救饑俗呼觀音粉食者或至悶死　建
平蝗所過寸草無遺

五十一年夏五月州屬麥秀兩歧先是有蟲如蠶黑色
亦有青赤者食麥葉幾盡雨後忽不見麥大熟有一莖
兩歧者而建平至有三四歧縣令周作淵呈於上憲時
蒙城阜陽及宿州並有是瑞總督李　巡撫書
奏聞

案郡向不聞有是蟲方食葉時民皆愁歎以爲必無

麥矣走禱羣神未幾自滅稃穗秀發稔倍常年東坡志林載雍邛介米芾有書言縣有蟲食麥葉不食實既食其葉則實自病爲害甚於蝗有小甲蟲見輒斷其腰而去俗謂旁不肯今此蟲頗與相類乃無待旁不肯之驅除而麥自不爲害俗謂神力所致抃目蟲爲瑞鶯建平亦同此說然實天休滋至

盛世嘉祥覲奏章與採山得米挖草見糧同稱上瑞而宿郡蒙城亦有三歧之應又豈漁陽豐水僅見一隅者

所可媿美哉

是年夏五月十六日初昏有星大如月西北流其聲如雷　秋禾大熟

以上胡志

乾隆六十年夏旱饑裕志

嘉慶十三年夏旱不爲災裕志　案湖州府志是年五月至七月不雨石米錢五千

十九年自三月至十一月不雨大旱饑裕志參新通志

二十三年七月朔日午大風雨雷電隱約有金龍起自東南向西去州署前鼓角樓圮拔木壞民房天壽寺塔

頂鐵蓋二飛擲殿庭（裕志）

道光元年州民耿世安五世同堂（裕志引通志）

三年淫雨自四月至五月不止山水暴發不爲災（裕志）

四年春米價翔貴斗米錢五百（以下新纂）

十二年夏旱不爲災

二十年建平水災（新通志）

二十一年十一月大雪深丈餘道路不通月餘人多凍死山獸入人家厨竈

二十五年五月久雨水勢驟長溪田多衝没

二十九年淫雨自四月至六月不止大水溢入州城田
禾淹没大饑斗米錢六百

三十年八月二十四日大雨積潦不爲災

咸豐三年三月地震連日月餘始定

四年十一月溪水忽漲起尺餘溝渠池沼皆然少頃即
平

五年五月十三日夜州北鄉東川村張眞君廟爲暴風
捲去無片瓦存後得眞君像於逃牛嶺是年秋建平雨
黑豆

六年夏五月至六月不雨大旱九月蝗大饑斗米錢六百

七年夏旱蝗

九年新建試院成旗竿蹶其一　夏州民家畜犬無故皆升屋　除夕大北鄉村庄犬號如人哭聲

十年二月初三日粵匪竄入州境詳見兵寇日久田地荒蕪斗米錢二千八人相食野無青草　四月大風拔木

十一年十二月二十七日大雪至除夕止積深數尺

同治元年大疫先是州民在賊中困苦流離死者過半至

是叉病疫五月至八月積尸滿野傷亡殆盡

十年三月建平大風拔木壞民房新通志

光緒二年八月民間相傳妖人翦雞毛及人髮辮至九月止

三年夏飛蝗入境

五年夏旱州東北鄉歉收十一月十五日夜雷

以上新纂

【嘉慶】寧國府志

(清)魯銓、鍾英修　(清)洪亮吉、施晉纂

民國八年(1919)涇縣翟氏寧郡清華齋影印本

沿革表祥異附

漢永元十五年丹陽郡國二十二並旱或傷稼古今注

延光二年七月丹陽山崩四十七所後漢書五行志

孫吳赤烏七年秋宛陵嘉禾生三國志吳主傳

十三年八月丹陽句容及故鄣寧國諸山崩鴻水溢詔原逋

責給種食同上

永安四年安吳民陳焦死埋六日更生穿土中出嗣主傳

晉永昌二年五月宣城大水晉書五行志

太寧元年五月宣城大水同上

咸和元年十月辛卯宣城春穀縣岸崩獲石鼎重二十觔受

斛餘沈約符瑞志

四年秋七月宣城大水晉書成帝本紀

八年四月癸卯甘露降宣城宛陵縣之須里符瑞志

咸康八年九月廬江春穀留珪見門內有光取得玉鼎一枚

圍四寸豫州刺史路永以獻同上

永和元年二月春穀民得金勝一枚長五寸狀如織勝明年

桓溫平蜀同上

元年三月廬江太守路永上言於春穀城北見水岸邊有紫

赤光取得金狀如印遣主簿李邁表送同上

（劉宋）元嘉十六年宣城宛陵野蠶成繭大如雉卵彌漫山谷次

年轉盛乾隆府志

大明三年甘露降宣城郡舍太守張辯以聞四月戊子毛龜見宣城張辯以獻五月宣城宛陵縣石亭山生野蠶三百餘里張辯以聞同上

泰始二年二月己亥白鹿見宣城郡太宗劉韞以聞八月赭圻城南得紫玉一段圍三尺二寸長一尺厚六寸太守攻爲二爵以獻武文二廟見宋書符瑞志

昇明二年宣城山中生紫芝一株在所獲以獻同上

蕭齊永明中宣城白鹿見康熙府志

蕭梁承聖元年宣城郡猛獸暴食人南史元帝紀

唐永徽元年六月宣歙等州大雨水溺死者數百人（唐書五行志）

顯慶元年七月宣州涇縣山水暴出平地四丈溺死二千餘人（同上）

貞元四年宣州大雨震電有物墮地如豬手足各兩指執赤斑蛇食之頃之雲合不復見近豕禍也（同上）

十七年宣州南陵縣丞李嶷死已殯三十日而蘇（同上）

元和九年秋宣州等處大水害稼（同上）

長慶三年三月宣歙旱遣使宣撫理繫囚察官吏（唐書穆宗本紀）

寶曆元年秋宣州旱（康熙府志）

太和四年夏宣歙大水害稼（五行志）

七年大水害稼同上

八年春穀獻白兔康熙府志

咸通中吳越有異鳥極大四目三足鳴山林間其聲曰羅平

占曰有兵人相食未幾黃巢寇宣州等處五行志

十年宣州疫同上

景福元年孫儒攻宣州有黑雲如山漸下墜儒營上狀如破

屋占曰此營頭星也儒敗死十國春秋拾遺

天復三年宣州有鳥如雉而大尾有火光如散星集於戟門

明日大火曹局皆盡惟兵械存五行志

南唐昇元六年六月宣州大雨漲溢十國春秋烈祖紀

宋太平興國七年三月宣州霜雪害桑稼宋史五行志

咸平二年閏三月江南轉運使言宣歙竹生米民採食之宋史眞宗本紀

治平元年宣州水遣使疏治賑郵蠲租賦英宗本紀

紹聖四年宣城民妻一產四男子哲宗本紀

大觀元年宣州芝草生五行志

政和五年六月宣州水災同上

紹興二年宣州有鐵佛坐高丈餘自動迭前迭郤若偃而就人者數月既而郡有火燔居民幾半火氣盛金失其性而爲變怪也七月天雨錢或從石甃中涌出有輪郭肉好不分明

穿之碎若沙土（同上）

三年五月己亥至六月辛丑雨甚大水敗圩堤圮官民廬舍（康熙府志）

四年五月寧國縣大水害稼（同上）

按康熙乾隆府志是年宜民妻一產四男子疑即紹聖四年事

二十三年宣州大水其流泛溢至太平州（五行志）

隆興元年八月飛蝗過都蔽天徽宣湖三州害稼（同上）

二年七月寧國府大水浸城郭壞廬舍圩田軍壘操舟行市者累日人溺死甚衆（同上）

按孝宗本紀乾道二年八月升宣州爲寧國府乃五行志是年即稱寧國未詳康熙志稱三年亦誤

乾道六年五月寧國府大水城市有深丈餘者漂民廬湮田稼潰圩堤人多流徙是年冬饑同上

淳熙二年秋江淮皆旱寧國尤甚是年艱食同上

六年寧國府水壞圩田同上

八年寧國府饑疫死者尤衆同上

按康熙府志載隆興七年大疫是年饑殆以一年事誤繫兩年者從五行志改正

紹熙三年五月庚子涇縣大雨水敗堤圯縣治廬舍寧國府

自已亥至六月辛丑朔雨甚同上

四年寧國府霖雨自四月至五月宣城寧國大水壞圩田害

蠶麥蔬稑同上

五年五月辛未涇縣水圮民廬溺死者衆八月寧國府水是

年冬無麥苗同上

嘉定八年江浙皆旱寧國府爲甚以江東提舉李道傳督賑

明年攝知寧國府行社倉法採五行志及康熙府志合纂

元至元十九年四月戊申寧國路太平縣饑民採竹實爲糧活

者三百餘戶元史世祖本紀

二十七年冬十月丁丑尚書省臣言江陰寧國等路大水民

流移者四十五萬八千四百七十八户帝曰此亦何待上聞

當速賑之凡出粟五十八萬二千八百八十九石同上

二十九年六月丁亥寧國等七路大水免田租百二十五萬

七千八百八十三石是年閏六月民艱食發粟賑之同上

大德元年三月寧國饑五行志　八月寧國水成宗本紀

按康熙府志是年二月以糧二萬石賑寧國太平元史本

紀不載乾隆府志削之良是

二年正月己酉寧國水發糧以賑仍弛澤梁之禁聽民漁采

同上

四年三月宣州涇縣風雹五行志　三月乙未寧國太平路旱以

糧二萬石賑之成宗本紀

六年六月寧國等路饑賑糧二十五萬一千餘石同上

皇慶元年八月寧國路涇縣水賑糧仁宗本紀

按康熙乾隆府志俱作正月誤今改正

至治元年三月寧國饑英宗本紀

泰定二年四月寧國等路饑泰定帝本紀

三年九月寧國諸屬縣水民饑並賑之同上

天歷二年四月江浙行省上言寧國諸路饑命賑之文宗本紀

至順元年二月寧國路饑嘗賑糧二萬石不足復賑萬五千

石是年閏七月水沒民田詔江浙行省以入粟補官鈔及勸

率富人出粟賑之同上

至正十二年三月丙午寧國路無雲而雷五行志

十三年十一月寧國路地震所領寧國旌德亦如之

十五年四月寧國敬亭麻姑華陽諸山崩

以上二條康熙乾隆府志俱列之前至元中誤據五行志

改正

十五年寧國大旱米升銀二錢乾隆府志

明

太祖初年寧國獻瑞麥明史太祖本紀

按本紀至正十七年四月下寧國五月即有瑞麥之獻彼

時尚用龍鳳年號康熙乾隆府志俱繫之洪武二年誤

洪武元年閏七月免寧國府被災田租同上

按二年詔曰應天太平鎮江宣城廣德供億浩穰去歲蠲租遇旱惠不及下其再免今年租稅則知是年旱災也

八年七月免寧國府被災田租十二月大水甲寅遣使賑災採本紀及五行志合纂

按康熙志載二年五年十三十四十六等年免租事俱係當時特恩與祥異無涉乾隆志削之良是今採水旱二條補入

景泰五年六月寧國府蝗明史五行志

宏治六年冬連雨雪十二月大水漂沒民舍乾隆府志

八年宣城大饑同上

十四年八月寧國府大水蛟出漂流房屋孝宗本紀

十八年九月甲午寧國地震五行志

正德三年大旱道殣相望乾隆府志

五年大水圩岸破蕩殆盡人畜溺死者不可勝計同上

嘉靖元年太平縣大饑黄山竹生米人爭采食同上

八年秋八月宣城諸山蛟發漂沒民舍圩岸水泛溢入城軍

儲倉浸數尺人畜多溺死同上

十年宣城飛蝗食稼同上

三十九年冬樹氷竹木壓折甚衆康熙府志

四十年大水漂沒圩岸大饑知府方逢時發廩賑民修復諸圩同上

隆慶五年大螟稻初實卽槁延害數歲乾隆府志

萬歷二年八月淫雨宣城寧國諸山蛟發鴻水溢漂廬舍人畜溺死甚衆同上

八年大水南陵尤甚同上

十四年大水圩岸盡沒同上

十六年大旱同上

三十五年六月寧國山水大漲漂人口甚衆五行志

三十六年大水漂沒圩岸田廬人畜溺死甚衆乾隆府志

天啓七年宣城大水是年春太平縣有巨星橫飛肅肅有聲自歙界至西鄉忽作霹靂而沒四月大璫魏忠賢聽吳天榮言吳養春擅利黃山遣官踹驗一邑騷動同上

崇正八年八月戊寅宣城池中出血五行志

九年宣城縣華陽及沙灣民家地湧血出乾隆府志

十三年郡大旱蝗起尋大疫同上

按明史五行志是年四月至七月寧池諸郡霪雨田半爲壑不知孰是

十四年寧國大饑有倉廩者八爭聚掠之令不能禁四月辛酉宣城烏盆沿地中血湧起同上

國朝順治九年正月野豕入城同上

十年十月府堂災同上

十四年大水同上

十七年三月太平溪頭湯氏舍雨赤水六月郭村飛雪

十八年寧國港口鎮陳廷弼妻晨起臨妝地中水忽溢出須臾溺死

康熙七年四月宣城蝗大發知縣李文敏令民能捕者以死蝗易官米稼遂無損六月甲申初昏後地震有聲河水湧立激射圩岸

八年五月晦後連日大雨宣涇寧旌太諸山蛟並發平地水

丈餘漂廬舍壞橋堤人畜溺死無算

九年夏大水圩田浸沒冬大雨雪深數尺越月不止道罕行迹人畜多凍死

十年夏連月不雨熱如焚民有暍死者

十一年春大饑人食草木夏寧國通嶺峯山蛟發一日數十望之如櫛

十四年六月十九日旌德大雨三晝夜不止蛟驟發喬亭民溺死者六十三人節婦副總兵劉綂妻趙氏與焉

十七年四月涇縣鼠食禾是年七月宣城旱十七日申時方祈雨有流星自西北至東南隱隱如雷聲隕爲石三質輕黑

初軟後堅
十九年八月宣城大水諸圩並浸沒
二十二年十一月八日涇縣雷電
二十三年宣城蛟發砍石山凡二十餘處汪家圩自平疇起潰圩而出水大泛溢
三十年太平泮池東產瑞麥一莖三穗
四十六年宣涇寧旋大旱
四十七年太平地生羊毛其末有黑顆是年南涇太三縣夏秋皆大水宣寧二縣夏水秋旱山田禾盡槁溪田亦湮沒無收人取草木或白土食之道殣相望尋大疫至明年死者殆

半村落閒往往有舍無人

五十年正月二日文脊山鳴如大風又如洪水奔壑聲五日乃止是年寧國麥大熟有兩岐者有八穗者宣城水陽地方芥菜結子如龍鳳如花鳥種種逼肖

五十五年宣南旌三縣夏水秋旱繼以蟲禾稼幾盡

五十七年六月二十五日黎明徽郡歙休績三縣及本郡宣涇旌諸山蛟並發水勢洶湧圮橋梁溺人畜壞城垣道路南陵尤甚諸圩坍塌房屋食用諸物漂沒無存是月太平紱歌鄉大雷雨一大山飛來加小山上居民壓死僅存一牧豎

五十九年四月涇縣雨土

雍正元年宣城雲山團等處飛蝗入境知縣劉蘭叢率吏民撲滅之是年涇縣民章天安妻一產三子

二年南陵民毛起美妻一產三子是年宣城雨菽

四年夏宣南大雨水泛溢至秋不止圩田盡沒山田穀亦朽敗

八年四月宣城金寶圩李實如王瓜是年六月宣涇大水

十二年五月宣涇大水

十三年三月初十日二更寧國港口鎮監生趙廷灝宅內地忽陷水深二丈餘廷灝及子婦等六人並溺死

乾隆二年五月宣城西蓮湖及高淳當塗界有蝻三縣令能

捕者按數給錢遂撲滅盡

三年六月朔涇縣地震有聲是年夏秋間宣寧旌旱傷稼

八年三月十二日寧國米塢大雨雹如拳五月八日卯時涇縣地震有聲如雷人有驚仆者南城坍數丈是年夏秋間旌德大旱米斗銀二錢五分

九年三月十五日夜涇縣有巨虎入城由宣陽觀歷營房及縣丞主簿署乃踰墻出從儒學前下北水關渡河去越四日大水入城倉儲俱沒是年七月朔雨四晝夜旌德石皃山穇嶺蛟起一大石飛從山岡水暴漲下衝將軍殿民房盡圯漂沒男婦二十一人宣城東北鄉尤甚人畜漂死無算

十三年太平文廟丹墀下產芝草是年八月二十四日酉時

涇縣有流星若寶蓋狀照澈牆瓦頃之有聲如雷

十六年夏秋大旱穀湧貴是年十月甘露降太平文廟竹上

十七年春諸縣饑人食蕨根樹皮秋有收

十八年五月太平望仙都蛟發壞田廬居民溺死者百四十

七人以上俱乾隆府志

三十四年宣城南陵水

四十年南陵旱

五十年寧國府屬大旱

嘉慶五年宣城南陵水

七年宣城南陵涇縣寧國　太平旱

九年春宣城南陵水增以上

【光緒】宣城縣志

（清）李應泰等修　（清）章綬纂

清光緒十四年（1888）活字本

宣城縣志卷之三十六

祥異

前志兼列荒政略而未詳案蠲賑既分著專條無容複贅惟守土者所行善政仍附載如舊云

吳赤烏七年秋嘉禾生　吋三年八月丹陽句容及故鄣甯國諸山崩

晉太甯元年五月大水　咸和四年七月大水

劉宋元嘉十六年野蠶成繭大如雞卵彌漫林谷次年轉盛　大明三年春甘露降白龜見五月石亭山野蠶生

三百餘里舊志云石亭未詳所在今按宋宣城郡之宛陵縣卽今宣城之地而宣城麻姑山側有射亭鄉疑射亭卽石亭而麻姑山卽石亭山也

齊永明中白鹿見

梁天監元年大旱米斗五千人多餓死據乾隆癸酉府志補

唐永徽元年六月宣歙等州大雨水溺死者數百人　貞元四年大雨震電有物墮地如豬手足各兩指執赤斑蛇食之頃復雲合不見近家旤也　元和九年秋大水害稼　長慶三年三月宣歙等處旱　寶歷元年秋旱

太和四年夏大水害稼七年亦如之　咸通八年吳

越有異鳥極大四目三足鳴山林間其聲曰羅平占曰有兵人相食未幾黃巢寇宣州等處　十年宣歙兩浙疫　景福元年六月孫儒攻楊行密於宣州有黑雲如山漸下墜於儒營上狀如破屋占曰營頭星也後儒敗死

石晉天福三年有鳥如雉大尾火光於散星集於戟門明日大火曹局皆燼惟兵械存

南唐昇元六年六月大水漲溢

宋太平興國七年三月霜雪害桑稼　咸平二年竹生米

如稻　治平元年大水　大觀元年芝草生　政和五年六月水

南宋建炎二十三年大水城幾沒知州事張果抱民藉赴水死之　紹興二年正月開元寺鐵佛像坐高丈餘自動迭前迭卻若偃而就人者數日占曰火氣盛金失其性而為變怪也未幾火燔民居幾半是年天雨錢　三年五月己亥至六月辛丑雨甚大水敗圩堤圮官民廬舍是年民某妻一產四男子　二十三年大水其流泛溢至太平州

隆興元年七月甯國蝗蔽天日　二年七月大水浸城

郭壞廬舍圩田軍皷操舟行市者累日人溺死甚衆越月積陰苦雨水患益甚　六年五月大水漂民舍潰圩堤害稼民多流徙　八年大疫死者甚衆　乾道六年四月大水城市有深丈餘者冬饑　淳熙二年秋旱甚民饑　六年秋水壞圩田溺人　八年冬饑　十年旱紹熙四年滛雨自四月至於五月大水壞圩田害蠶禾蔬稑　五年八月水是年大饑人食草木冬無麥苗

嘉定八年春秋大旱至八月乃雨

元至元十三年十一月甯國路地震　十五年四月敬亭

麻姑華陽諸山崩　二十七年十月甯國等路大水民流徙甚衆（共四十五萬八千四百七十八戶）　二十九年六月丁亥甯國等七路大水　大德元年三月饑八月復水　二年正月己酉甯國等處水　四年甯國路旱　六年甯國等路饑　至治元年甯國路饑　泰定二年甯國等路饑　三年九月甯國路諸縣水　天歷二年甯國路饑

至順元年二月甯國路饑閏七月大水沒民田逾萬計　至正十二年三月丙午甯國路無雲而雷　十五年甯國路大旱米升銀二錢

明洪武二年四月產瑞麥　宏治六年冬連雨雪十二月大水漂沒民舍　八年大饑　十四年大水漂沒圩岸
正德三年大旱道殣相望　五年大水圩岸破蕩殆盡人畜溺死不可勝計　嘉靖八年諸山蛟發漂民舍潰圩岸水泛溢入城軍儲倉浸數尺人畜多溺死　十年飛蝗食禾稼　三十九年冬樹冰竹木壓折甚衆　四十年大水漂沒圩岸大饑知府方逢時發廪賑民修築諸圩復其故　隆慶五年大螟稻初實卽槁延害數歲　萬歷二年秋八月淫雨諸山蛟發洪水泛溢漂田舍人畜溺死甚衆

八年大水　十四年大水圩岸盡沒　十六年大旱
三十六年大水漂沒圩岸田廬人畜溺死甚衆　天啟
七年大水　崇禎九年華陽及沙灣民家地血湧出近
赤祥也　十三年大旱蝗大起尋又大疫知縣梁應奇竭誠泣禱自
率民捕蝗廣設醫藥以起病者　十四年四月辛酉句溪烏盆沿出血
湧起其後遂爲兵兆
國朝順治八年旱　九年正月有野豕入城　十年十月
府堂災　十四年大水　康熙七年四月蝗蝻大發遍
田野知縣李文敏募民以死蝗易官米民爭捕尋遇雨蝗死稼無損　夏六月甲申初昏

後地震有聲河水湧立激射於岸　八年夏五月辛酉晦六月壬戌朔連日大雨諸山蛟發平地水丈餘漂民居壞橋岸人畜溺死無算　九年夏大雨霖潦圍田浸沒冬大雨雪深數尺越月不止積陰沍寒道罕行跡民多凍死　十年夏大旱連月不雨毒熱如焚民有暍死者　十一年春大饑民食草木知府莊泰宏知縣李文敏等各捐俸發廩爲糜粥以濟　十三年旱　十六年大旱　十七年旱七月十七日申時有流星自西北至東南聲隱隱如雷隕而爲三皆如石質輕而黑初軟後堅一在東井社岡頭田長

二尺許圍如長者四之三形如碓觜而觹重八斤一在店門前潘家坦重六斤一在陸陽村竹園已碎是時日倘高正在祈雨人皆見之　十八年旱有蟲　十九年八月十五日大雨水圩田浸沒　二十一年六月初七日山中大水十月佑聖閣災　二十三年大水蛟石山蛟發二十餘處汪家圩蛟自平疇起破圩而出　三十二年夏旱　四十六年旱　四十七年夏大水諸圩盡潰廬舍無存舟行市中居民離散秋復大旱山田盡槁人食草木或掘地取白土食之俗名觀音粉是也道殣

相望圩中人俱露棲疫病大作死者無算延至次年疫不止親舊不能相顧或載婦女小兒鬻於他境　五十年水陽芥菜結子如龍鳳形或如花鳥種種逼肖　五十三年秋旱　五十五年夏水秋旱蟲傷禾稼　五十七年六月諸山蛟發決圩堤城垣崩塌　雍正元年雲山圖等處飛蝗入境知縣劉親率吏民撲滅之　二年十月天雨豆　四年夏大水圩田盡沒山田穀亦朽壞　八年夏四月金寶圩民家李實如王瓜六月大水決堤淹禾稼　十二年大水　乾隆二年五月西蓮湖與高湻當塗接

壤處有蝻三縣文武各官率衆搜捕按蝗數捐給錢文次年復萌如前法撲滅之 三年旱 九年七月朔後雨連四晝夜東北鄉大水暴漲人畜多溺死者 十六年夏秋大旱穀價昂數倍 十七年春大饑人食蕨根樹皮是年十二月蔣冲團鎮龍庵後生筍長四尺許凡二株 二十年蝗 二十三年夏淫雨大水陡發圩田盡沒 二十四年疫 二十七年地震 三十三年夏旱 三十四年大水 三十五年大疫死者甚衆 三十八年地震 四十年旱七月初四日午時城南畢冲鋪天落石聲如霹靂巨者重百十

斤細者類砂礫　四十二年夏旱　五十年六月星晝見自夏初至冬不雨民饑食草根樹皮死者枕藉於道知府孫遴曾知縣胡鵬雲捐俸賑　五十一年麥大熟有雙岐者是年六月有大星帥小星聲如疾風光焰燦爛自東北飛至西南方　嘉慶七年夏旱　九年五月大雨水潰圩岸秋旱九月有飛蝗過境不害秋稼　十一年禾麥大稔山圩皆慶有年　十九年大旱　道光三年大水　十五年旱　二十一年秋大水冬大雪深六尺饑民多凍死　二十二年六月朔日食盡星晝見　二十八年水

二十九年大水　咸豐元年金寶圩鼠傷田稼
三年冬水沸　六年大旱蝗不爲災髮賊竄郡城十二月軍門鄧紹良攻復之　七年蝗發官督民捕之　八年蝗大發官督民捕之俱不爲災　十年八月十二日髮逆竄郡城　同治元年六月望軍門鮑超攻復之殲賊無算　二年鼠災　三年風雨調　六年三月雨豆
七年大水　十年大風雨豆　十二年秋旱　光緒二年冬有蜚不爲災　三年蝻其未發也官督民搜挖蝻子斤給以錢既發督捕之不爲災　八年五月甯國

諸山蛟發平地水深丈餘壞廬舍人畜多溺死　九年春免征田租之半　十三年夏大雨決圩堤秋旱冬大雪　十四年春　月朔日食麥大稔

（清）李德淦、周鶴立修　（清）洪亮吉纂

【嘉慶】涇縣志

清嘉慶十一年（1806）刻本

災祥

周時有鳳集於涇山 鄭志

按明一統志鳳山在涇縣西一十里相傳成周時有鳳翔集於此

吳赤烏二年大水 錢鄭二志

十三年八月丹陽句容及故鄣寧國諸山崩鴻水溢 宋書五行志

晉安吳落星於藍山潭化爲石 鄭志

太寧三年十一月癸巳朔日有蝕之在昴至斗牛吳分也其後蘇峻作亂 晉書天文志

咸和四年丹陽宣城大水 晉書五行志

唐永徽元年六月宣歙饒常等州大雨水 新唐書五行志

顯慶元年七月宣州涇縣山水暴出平地四丈溺死者二千餘人 新唐書五行志

元和九年宣江等州大水害稼 新唐書五行志

長慶三年三月旱遣使理囚繫察官吏 錢志

太和四年宣歙大水害稼七年亦如之 錢鄭二志

咸通十年有異鳥極大四目三足鳴山林其聲曰羅平占曰有兵人相食未幾黃巢寇宣州郡邑萬歷府志

按五代史吳越世家謠言有羅平鳥主越人禍福民間多圖其形禱祀之董昌以爲瑞國號羅平今按萬歷府志以爲應在黃巢之寇宣州不知何據

宋太平興國七年三月宣州霜雪害桑稼宋史五行志

咸平二年閏二月宣池諸州箭竹生米如稻時民饑採之充食宋史五行志

大觀元年宣州芝草生宋史五行志

紹興三年大水官民署舍皆圮鄭志

二十三年宣州大水其流泛溢至太平州宋史五行志

隆興元年七月飛蝗蔽天日徽宣湖三州害稼 宋史五行志

二年七月寧國府大水浸城郭壞廬舍操舟行市者累日 宋史五行志

乾道六年寧國府大水漂民廬湮田稼潰圩堤人多流徙 宋史五行志

紹熙五年大饑人食草木 錢鄭二志

嘉定八年春旱首種不入至於八月乃雨建康寧國府等處爲甚

宋史五行志

按舊志所載災祥自宋以上並取歷代史五行志但事關數郡數州者皆節去州郡等字載入縣志今備攷而錄之仍史舊也其自元以下則多史五行志所無或者傳聞所得耳目所及較爲親切故詳書之耶

元至元十三年十一月寧國路地震 萬歷府志

二十七年大水發粟賑之錢志

二十九年六月大水免田租仍發粟賑之錢志

大德二年正月大水賑之錢志

四年涇縣風雹旱發糧一萬石賑之萬歷府志

六年五月饑六月賑之錢志

皇慶元年正月涇縣水賑糧二月萬歷府志

至治元年三月饑賑之錢志

泰定二年大水四月賑之錢志

三年寧國路諸屬縣水萬歷府志

天歷二年饑賑之錢志

至順元年七月寧國諸路大水没田一萬三千五百頃萬歷府志

至正十五年大饑米升銀二錢鄭志

明宏治六年冬十二月大水漂沒民舍鄭志

九年縣治火燔儀門錢鄭二志

正德三年大饑鄭志

嘉靖四十年大饑鄭志

隆慶五年螟稻初實即槁鄭志

萬歷三十六年大饑鄭志

三十九年二月甲子地震冬木冰錢鄭二志

崇禎七年二月六日侵晨黑氣自西而東蔽天日中雞棲于塒終日而散順治志

是年大水衝沒田貳千陸百貳拾畝地肆千柒百柒拾柒畝錢志

九年夏地震順治志

十三年四月大霜菜麥俱傷夏旱米價涌貴民掘土作餅稱觀音粉食者多死順治志

是年修涇城始竣夜忽血迹徧城腰時莫解其故後乙酉屠城順治志補遺

十四年春夏間斗米千錢夅大疫死者十三四道殣相望槀葬以席順治志

十五年野熊遊郊識者以熊爲能火後南門灾順治志

十六年正月飛蝗蔽野自春徂夏雨霖百日蝗乃絶順治志

國朝順治八年旱鄭志

九年冬大雨雪深數尺越月不止積陰沍寒道罕行跡民多凍死

鄭志

十一年正月一日未時地震　順治志

十二年十月十三日子時雷　順治志補遺

十四年六月二十一日大水入城漂沒廬舍十一月迅雷　順治志補遺

康熙八年夏四月地震五月二十九日蛟水丈餘漂民居壞橋岸人畜溺死無算十月十九至二十一日大風雨雷電　錢志

十年秋大旱　鄭志

十七年夏四月鼠食苗　錢鄭二志

二十二年十二月八日雷電　錢鄭二志

二十九年冬大雪樹木皆氷　鄭志

三十二年大風發屋拔木　錢志

三十七年七月中街火花井以東市廛蕩焚殘及縣治錢鄭二志

四十一年十二月地震錢志

四十六年秋旱螟食禾錢鄭二志

是年虎成羣食人自後十年中戊子至丁酉計傷千餘獵人張網焚山捕之不獲錢鄭二志

四十七年五月霪雨彌月水入城漂沒田廬無算秋七月十三日復大水錢鄭二志

四十八年大饑民食樹皮秋大疫傳染迅速死者枕藉有全族沒者掘坑瘞之錢鄭二志

五十七年六月二十六日大雨蛟水漲入城高丈餘東南北三隅俱沒西城水浸六尺官籍民契多淪沒壞田舍漂墳墓淹死者無

筭錢鄭二志

五十八年竹生米　錢鄭二志

五十九年四月隕土　錢鄭二志

六十年六月初九日茂林都民章賞妻鳳氏一產三男　冬彌月

大雪深數尺　錢鄭二志

雍正元年三月十九日瑞蓮坊民章天安妻衛氏一產三男　錢鄭二志

五年夏大饑米價騰貴斗米錢三百七月大風拔木落文廟鴟尾

十月初三日辰刻大雷電　錢志

按鄭志大風拔木落文廟鴟尾作雍正十年與錢志互異

七年春新豐洪村都間平地水湧四五尺亘久作訇雷聲其地陷

深數丈　錢鄭二志

八年四月二十六日大水入城漂民居 錢鄭二志

十一年五月西街大火燔民居無數 錢鄭二志

十二年六月丙午大水損禾稼 錢鄭二志

乾隆三年夏大旱六月一日地震有聲秋七月禾生螟 錢鄭二志

四年除夕炎如暑頭雷電次年正月大雪三月二十九日大風屋瓦皆震 錢志

八年五月癸卯大雨雹初八日卯刻地震聲如轟雷南城頹數丈 錢志

九年二月丁巳大風雨雹三月十五夜虎從東關闕城入經宣陽觀踰營房遍歷大堂縣丞署由主簿署躍牆出從學宮前下北水關渡河逸秋七月庚辰大水倉儲俱沒 錢志

【道光】涇縣續志

（清）阮文藻修　（清）趙懋曜等纂

清道光五年（1825）刻本

災祥

嘉慶十六年秋旱 採訪册

十九年秋大旱米斗錢五百民掘蕨作粉食之 採訪册

二十五年秋旱 採訪册

道光三年五月霪雨彌月大水入城自一二尺至四五尺不等沿河西北一帶石城傾圮數十丈没廬舍漂墳墓衝田疇米價騰貴民多殣死 採訪册

【民國】南陵縣志

余誼密修　徐乃昌纂

民國十三年(1924)鉛印本

南陵縣志卷四十八

雜志

祥異

東晉太和中春穀獻白兔案此宋志凡兩見雜記載晉太和中祥異載唐太和八年

宋治平元年大水

紹興三年五月已亥大雨至六月辛丑連三日水敗圩堤圮官民廬舍

紹興五年八月大水民饑甚食草木

元至元二十七年甯國等路大水民流徙者甚衆

至元二十九年六月又大水

大德元年三月饑八月水

大德二年正月又大水

大德四年三月甯國路旱

大德六年六月諸路饑

至順元年二月甯國路饑閏七月大水没民田踰萬計

至正十一年三月丙午無雲而雷

至正十五年大旱米升銀二錢

明宏治六年冬連雨雪十二月大水所至漂没

正德三年大旱道殣相望

正德五年大水諸圩破蕩殆盡人畜溺死不勝計

嘉靖十年飛蝗食稼

嘉靖四十年大水泛溢沒圩堤大饑

隆慶五年大螟稻初實即槁延害數歲

萬歷八年大水

萬歷十年春西鄉民獻白雉

萬歷十二年五月二十九日夜關廟旗竿上現五色

光凡三夜

萬歷十三年夏西關外樹生白鵲

萬歷十四年夏大水圩岸盡沒

萬歷十六年大旱

萬歷三十六年大水沒圩堤壞田舍溺人畜

崇禎十三年大旱蝗起尋大疫

崇禎十四年大饑道殣枕藉

清順治初年上北鄉南大路郭宅墓域有黃檀一株內腹突產修竹數竿外並無竹觀者詫爲祥

順治三年大水圩堤衝決人皆露處斷岸

順治八年大旱

康熙九年夏大水圩田浸沒冬大雨雪深數尺越月不止道罕行跡畜多凍死

康熙十年夏連月不雨大旱熱如焚

康熙十一年春大饑人食草木

康熙三十五年三月初七日地震

康熙三十六年三月玉帶橋產白鵲

康熙四十七年南涇太三縣夏秋皆大水

康熙四十八年大疫

康熙五十三年秋旱災

康熙五十五年宣南涇三縣夏水秋旱繼以蟲禾稼幾盡

康熙五十七年六月二十五日黎明徽郡歙休績三

縣及本府宣涇旌諸山蛟並發水勢洶涌圮橋梁溺
人畜壞城垣道路南陵尤甚諸圩坍塌房屋食用等
物漂沒無存
雍正二年民毛起美妻鄧氏一產三男
雍正四年夏宣南大雨水泛溢至秋不止圩田盡沒
山田穀亦朽壞價頓昂
雍正十二年宣南涇太四縣秋禾被水
雍正十三年民徐坤妻汪氏一產三男
乾隆五年五月大水地震
乾隆八年宣南二縣秋禾水淹

乾隆九年宣南涇旌太五縣秋禾被水

乾隆十六年夏秋大旱穀價昂數倍

乾隆十七年春諸縣饑人食蕨根樹皮至秋方有收

乾隆二十年穀已熟大風雨數日籽粒落幾盡穀價增二倍

乾隆二十八年地生毛白質黑穎

乾隆二十九年九月朔日食既晝晦見星

乾隆三十年十月地震

乾隆三十三年十二月地震

乾隆三十四年夏大水彗星見西方冬十二月二十

日地震

乾隆四十年旱自夏及秋不雨民饑且饉

乾隆四十三年夏旱入秋乃雨稻孫稔冬有蝗

乾隆五十年大旱蝗自春至秋無雨斗米錢七百文鹽價每斤八分民食榆蕨殆盡餓殍相望

乾隆五十一年春有蟲食麥葉盡而麥不傷西鄉南莊民獻瑞麥一穗兩歧

乾隆五十七年冬十二月己巳雷電作越二十二日辛卯雨木冰次年正月方解

乾隆六十年正月朔日食

嘉慶元年夏大水青陽橋圮漂沒民居甚衆
嘉慶三年天鳴
嘉慶五年秋大水禾稼淹溺無算
嘉慶七年旱
嘉慶九年水
嘉慶十一年二麥有秋北鄉下林都圩南壩民張姓
麥穗兩歧
以上舊志
康熙二十六年三月中寒亭雨雹大如杵屋瓦半碎
所經橫十餘里縱六十里南陵青弋江尤甚擊死者

三人 宣城志雜記

康熙三十三年七月有赤鼠小於常鼠渡江而東夜出嚙稼數頃皆盡八月初七日飛蝗蔽天聲如雷震者六七晝夜十月夜地震有聲十一月小麥竟畝皆秀如四月麥秋時十二月初五日晨晴四周聲響若決壑聲頃之陰雲四合風雨驟至午未雷動西南 休庵影語

康熙三十五年四月十七日地震有聲如雷自西北達於東南次日又震六月疾風暴雨雨細蟲十一月初西風拔木雷電自丑至辰方止 休庵影語

康熙三十六年正月玕瑯山出白土如粉食可充飢（休庵影語）

乾隆五十二年民任及賴妻羅氏一產三男（省志）

嘉慶十九年大旱

嘉慶二十年大水

道光三年大水

道光十五年旱

道光二十年十一月大雪深約六七尺許

道光二十二年瘟疫流行四月十二日淸弋江民獻嘉麥一莖兩穗（枕經堂集）五月初一日未時日食至申時

方明

道光二十六年旱魃爲災

道光二十八年五月初一日日食自未至申始明七月大水

道光二十九年四月大水東北圩堤盡破潮漲至九月始退人民餓殍無數

咸豐二年時疫流行

咸豐三年大風屢起稻多結秀不實

咸豐五年時疫流行六月下旬忽起大風十八晝夜乃息摧傷樹屋甚多

咸豐六年大旱自二月至七月始雨禾苗枯死八月蝗大起幸稻孫稔民賴以生

咸豐十年蝗大起十月大雪十二月又大雪先後計八尺餘房屋壓倒無算人民凍餓死者甚多

咸豐十一年野鶩食圩田稻穀幾盡瘟疫流行冬大雪五日深四尺餘鄉民凍餓死者無算米價每元八九斤

同治元年十一月大雪

同治二年春荒菜麥無收人民病疫

同治三年宣城涇縣南陵旌德等縣大水

同治五年大水

同治六年六月大水

同治七年五月蛟水陡發圩堤盡破民間房屋傾圮人民淹斃無算

同治八年五月大雨連緜數月各圩禾苗沉沒顆粒無收

同治十年四月初九日烈風暴發大木斯伐房屋傾圮夏旱山田受災無收

同治十一年冬大雪平地五六尺深房屋壓倒無數

光緒元年有鄉民鵝雞內出一雛形似鳳毛羽五彩

數日斃

光緒四年大水地出羊毛

光緒五年地出羊毛蟻生雞卵內

光緒六年大水破圩

光緒七年地生毛大水

光緒八年大水圩田籽粒無收

光緒十年大水四月初八日天雨黑米

光緒十六年四月大水圩堤盡破七月二十四日大雷風附近房屋吹倒無算見有似龍而秃尾者飛昇入雲天旋開霽潭中水草爲風捲挂樹杪水涸下五

尺

光緒十七年大水秋八月二十五日起陰雨四十日始止

光緒十八年大雪

光緒十九年瘟疫流行

光緒二十一年九月十一日雪約三四寸深

光緒二十四年大旱禾苗大傷

光緒二十六年九月大風天落紅豆色赤圓小堅硬味辣是年冬紅教作亂旋肅清

光緒二十七年五月大水各圩壕俱破籽粒無收人

多食草根以延殘息
光緒二十八年四五兩月時疫流行
光緒二十九年大旱山圩災
光緒三十年四月十六日雹落如卵
光緒三十二年天雨紅豆五月十六日奎湖附近大風倒房拔木
光緒三十三年西鄉有民家雄雞生蛋四月大雨東門城垣崩二十餘丈
光緒三十四年十二月雷鳴
宣統元年五月大水圩鄉籽粒無收耕牛死傷無數

十一月十五日地震

宣統二年五月洪水汎濫東北鄉圩破大荒又北門城垣崩十餘丈八月十五日月蝕甚除夕日天氣燥熱午後迅雷

宣統三年八月十五日長庚晝見除夕雷鳴

以上新增

紀聞

東晉咸和元年十月辛卯宣城春穀縣山岸崩獲石鼎重二斤受斛餘見沈約宋書符瑞志下四條同

咸康八年九月廬江春穀縣留珪夜見門內有光取

（清）梁延年修　（清）閔爕纂

【康熙】繁昌縣志

清康熙十七年（1678）刻本

祥異附

漢景帝前二年十月丙子熒惑出東方守斗十二月熒惑辰星合於斗按漢書吳楚之疆候熒惑南斗郡邑分野也此後有单紀入斗者所主濶遠故不復悉載

順帝永和四年七月壬午熒惑入斗犯第三星此主丹陽

晉成帝咸和元年十月辛卯春穀山岸崩獲石鼎重

十二觔受一斛

八年九月畱珪於春穀得玉鼎一圍四寸豫州刺

史路永獻於朝著作郎曹毗上玉鼎頌豫州丹陽僑立名也曹毗舊譔作辛毗

穆帝永和元年二月春穀民獲金一方長五寸狀

如鐵券又本年廬江太守路永上言於春穀城北

見水岸傍有紫赤光掘得金狀如印遣主簿李邁

表送名鼎金印俱見沈約宋書符瑞志

年二月乙巳月入南斗犯第三星

帝奕太和六年五月大水

武帝太元元年四月丙戌熒惑犯斗第三星

六年大水饑

九年四月陽穀獻白兔

宋文帝元嘉八年繁昌獻白兔

武帝孝建八年正月月入南斗四月犯第三星

明帝泰始二年五月稽折獲石楷長三尺二寸大

三尺五寸揚州刺史以獻七月戊子白雀見虎檻

洲　蘄圻城南得紫玉一長尺厚七寸攻二爵獻

武文二廟蘄圻乃春穀舊治是時春穀已廢見符瑞志

順帝昇明元年八月庚申月入南斗犯第三星

齊武帝永明元年九月乙酉太白犯斗第三星

十年五月己巳月掩南斗第三星

陳宣帝大建十四年七月江水赤色如血自建康至

荆州

唐代宗大曆十三年十二月月白氣如白虹竟天入翼軫

宋真宗咸平四年正月四月九月月犯斗魁者三

天禧五年八月庚戌熒惑掩斗魁

仁宗天聖元年四月熒惑犯斗魁

徽宗崇寧元年五月丁巳熒惑退行入斗魁

高宗紹興二年三年月入斗魁者三

明章帝宣德九年自春徂秋大旱江河皆涸民剝樹皮以食

疫癘大作道殣相望

敬帝弘治十六年十七年連旱

毅帝正德二年二月地震有聲

四年八月昏二更天火自西北而東忽分爲三天鼓隨鳴是歲旱

五年洪水沒民居

十四年六月乙丑漏將盡天赤光如旦大雨同時蛟出境内者數十處水波高湧蕩析民居是歲饑

十五年有野鵞群飛蔽空下啄穀幾半

肅帝嘉靖二年大旱

[illegible]長數丈見吳分

三十六年大水

四十一年大水

哲帝天啓元年大雪自十二月十五日至二年正月終止深七八尺壓頹郁市房屋不計其數野鹿麞麂幾絕迄今尙稀

大清

世祖章皇帝順治十三年十一月荻江江岸夜崩屋宇人民沉溺無算

今上皇帝康熙十年大旱泉流溪澗河水皆涸山田禾苗盡槁大饑上官發賑知縣吳升東命耆民譚禎祥程鵬年等同監督煮粥餔之

明高拱曰以十二邦係十二次鄭玄之分星失之拘王世貞曰分野非故也益州遠屬之魏燕在北而東配析木魯在東而西配降婁吳越東南而星紀次東北自古猶疑之況今荊揚二州地半天下戶口人物當天下十之八躔度安得而不下移又烏能一一驗也利瑪竇又云七政列宿有常位躔離交食有常度夫定者非能爲災惟不定乃爲災若地氣濃鋭冲騰踰域直臻火疆凝焆而存是爲彗星芒長似尾短似鬢鋃色血色烟色者各如其氣之質也按諸說則分野所現星變舉不足憑乎何左氏董仲舒劉向京房輩言之鑿鑿也總之不離香秋者近是孔子紀災異而不著其事應蓋驗不驗未可知之辭也語云妖不勝德故有善言補過而祥桑枯死災星徙度者矣今以叢爾繁昌隸揚州之丹陽郡星分斗度不既寥濶乎惟據晉志及石申推步丹陽入斗十六度魁第三星則於繁昌顯切是故星變祇錄其犯斗魁第三星者志之其

餘從聞同

繁昌縣志卷之二終

（清）曹德贊原本　（清）張星煥增修

【道光】繁昌縣志

民國二十六年（1937）鉛印本

雜類志

祥異

晉成帝咸和元年十月辛卯春穀山岸崩獲石鼎重十二觔受一斛
八年九月留珪於春穀得玉鼎一圍四寸豫州刺史路永獻於朝著作郎曹毗上
鼎頌（豫州丹陽僑立名）
穆帝永和元年二月春穀民獲金一方長五寸狀如鐵劵又本年廬江太守路永
上言於春穀城北見水岸傍有紫赤光掘得金狀如印遣主簿李邁表送（石鼎
金印俱見沈約宋書符瑞志）
帝奕太和六年五月大水
武帝太元六年大水饑
九年四月陽穀獻白兎
宋文帝元嘉八年繁昌獻白兎

明帝泰始二年五月赭圻獲石栢長三尺二寸大三尺五寸揚州刺史以獻七月

戊子白雀見虎檻洲　赭圻城南得紫玉長一尺厚七寸攻二爵獻武文二廟（一

春穀已廢赭圻乃春穀舊治見符瑞志）

陳宣帝大建十四年七月江水赤色如血自建康至荆州明章帝宣德九年自春徂

秋大旱江河皆涸（民剝樹皮以食疫痢大作道殣相望）

敬帝宏治十六年十七年連旱

毅帝正德二年二月地震有聲

四年八月昏有天火自西北而東忽分爲三天鼓隨鳴是歲旱五年洪水没民居

十四年六月乙丑漏將盡天赤光如旦大兩同時蛟出境內者數十百處水波高

湧蕩析民居是年饑

十五年有野鶩羣飛蔽空下啄穀幾半

肅帝嘉靖二年大旱

三十六年大水
四十一年大水
哲帝天啟元年大雪自十二月十五日至二年正月終止深七八尺（壓頹村市房屋不計其數野鹿麞兎幾絕）
國朝
順治十三年十一月荻江江岸夜崩屋宇人民沉溺無算（未崩先數日夜有聲雜沓如車馬已復聞如官府勾稽公事檢閱民籍者粤數日崩死者甚夥先是一瞽者善卜寓城隍廟數十年家荻港而寢食於廟忽自言曰今夜二鼓水孛過我宫凶象也乃具三物歸而禳焉是夕岸崩瞽者竟死）
康熙九年二月火妖（保大圩潘姓聚族數百家二月火妖爲祟乃現男女二形沿燒無定潘天柱等訴之邑令吳升東令爲文牒城隍廟火自是息潘村至今尸祝吳令云）

十年大旱（洄泉河水皆涸山田禾苗盡稿大饑上官發賑知縣吳升東命耆民譚禎祥程鵬年等監督煮粥舖之）

二十二年雞異（邑人郝思俊畜雞母豊偉異常雞抱卵八年猶不出殼怪而殺之左右脅各藏大包剖之左鸞右鳳五采精光奪畫圖有婢啖其鷄肉竟立斃焉）

三十二年大旱

三十三年雌雞化爲雄（縣民吳士明家畜一母雞生卵已久忽化爲雄縣令盧化取觀之其家竟無恙）

四十四年火災（四月五日峨山火自辰迄酉救之弗息延燬民居一百三十九家）

四十七年大水（各圩皆嚙饑者載途官爲賑濟次年大災告死者枕籍鬻兒賣女者僅三五百錢猶以得售爲幸

六十年蟲嗇虎妖（合邑山松蟲蝕殆枯各山減色蟲延行山徑被齧死者流血淋漓又猛虎四出白晝食人夜入縣城摔闔傷人畜）

雍正四年大水（圩岸盡崩室廬漂蕩居民流亡）

七年虎異白晝食人行人戒道

乾隆三年大旱飢（山田如燎頒賑以生生監被旱災者並仰賑恩以資薪米）

八年五月地震有聲（先是陰霾累日初九日寅時微震越卯時大震簷瓦欲飛有聲自東來如雷鳴漸流西北室廬震蕩若舟駛下流忽然觸岸初十十一日繼震勢稍殺猶有聲焉是年大水）

十五年六月〇蛟災大水（初連陰累日十一日暮雨霏微勢從西北來薄夜如注歷寅卯辰三時城內水深數尺民露處城巔城牆西南隅長二三丈縣倉儒學多傾倒衙塌民房百五十餘間墻垣無算各山蛟起近四五百處）

三十三年瘟疫流行居民死者無算

五十年大旱民多飢餓死者無算

五十三年大水

嘉慶十九年大旱山松蟲蝕枯者過半

道光三年大水是年山水陡發江潮倒灌圩堤坍塌水發最早麥不及收退最遲

低窪者冬九十月尚有積水

【道光】徽州府志

（清）馬步蟾纂修

清道光七年（1827）刻本

徽州府志卷十六之一

雜記

祥異

漢 延光二年七月丹陽山崩四十七所續漢書五行志

吳 赤烏六年春正月新都言白虎見三國吳志孫權傳

按嘉靖府志吳赤烏元年白虎見江南通志同今攷吳志孫權傳赤烏元年並無是事惟六年書春正月新都言白虎見羅鄂州新安志物產中所言見於史者即指此也宋書符瑞志亦載此事與吳志同今據以訂正

宋 元嘉二十年十二月白熊見新安歙縣太守劉元度以獻

宋書符瑞志　五行志

唐永徽元年六月宣歙饒常等州大雨水溺死者數百人唐書

按嘉靖府志引稽神錄云是歲大水婺源有大黃石自山墜於溪側瑩徹可愛畢犬見輒吠之村人推至水中又俯水而吠取石碎之吠乃止

天寶末歙州牛與蛟鬭數日牛出潭水色赤人謂蛟死嘉靖府志引廣異記

按江南通志載此事於天寶七年

大歷中黃山石門峯有毛人至山下爲人所殺明日其妻

至知夫死哭之而去舊傳軒轅峯下有石仙室樵者入見道士釀酒飲之一杯樵者辭不飲道士曰此非汝宿處送至洞口復迷入香林源不得出遂成毛人嘉靖府志

元和三年秋六月旱饑嘉靖府志

按唐書五行志是年江南大旱與此正合

長慶三年宣歙等處旱據江南通志補

泰和四年夏歙州大水害稼唐書五行志

咸通十年宣歙兩浙疫據唐書五行志補

龍紀元年休寧大水方興寺蕩去嘉靖府志

宋太平興國八年十一月婺源縣民王化於王陵山石上得

紫芝一本叢生五莖 據宋史五行志補

雍熙中婺源大疫 嘉靖府志

咸平二年閏二月宣歙池杭越睦衢婺諸州箭竹生米如稻時民飢采之充食 據宋史五行志補

元豐五年八月婺源五顯廟產靈芝 嘉靖府志

紹聖四年婺源南街內朱氏井中有白氣如虹是日朱松生 詳朱子世家

大觀三年春休寧夏俠母墓產瑞竹一本自十節以上岐爲二榦又開雙頭芍藥一枝政和改元又於其本復生一枝 新安文獻志淩唐佐雙應堂記○記曰歙之休寧有夏俠載道者夙有至性其母曹氏衣冠之後嫠居時二十

有八俅方幼而曹氏自誓守志享年七十有一以令終俅以早孤無昆弟思欲朝夕從事於窀穸之側遂於大觀元年九月初吉卽其居之後圖而葬之既克葬乃栽花植竹構堂於其旁以致其生存之孝三年春於墓之後生瑞竹一根其節自十以下則駢而爲一以上則岐而爲二交枝對葉有足嘉者明年四月又於墓前東南隅開雙頭芍藥一枝政和改元又於其本復生一枝於是鄉人士君子樂道人之善者間游其堂以爲邑居爲善者勸此固休寧之盛而前所未有也載道之祖母於予爲祖姑乃繪二瑞屬予名其堂且記其孝感之實予因以雙應目之而爲之言曰昔人有七子之母猶不能安其室而公卿士流在戚而有嘉容與嚼臂不歸廬墓生子者多矣今君之妣以君煢然之孤能確守其義而君又厝邱墓於其居制兆域於其圖以示思親不忘之意其賢於人遠矣天道雖遠應人甚邇孝之所感如筍冬生木連理者其應非一今君篤於親而草木薦瑞蓋有召而然也君其勉之予將見君高門廣路貽子孫之慶

者自此始矣

宣和二年十月尚書省言歙州歙縣民鮑琪家牛生麒麟

宋史五行志

建炎三年二月辛亥早朝有禽羽飛鳴行殿三匝一再止於幸臣汪伯彥朝冠未幾伯彥罷相爭坐貶 宋史五行志

桉汪伯彥宋之奸人也鄂州作新安志乃敘於先達傳中錢大昕爲之解曰郡縣之志與國史不同國史美惡兼書志則有褒無貶所以存忠厚也持論最允然今日志家人物一門區別品目則己侵史權矣故嘉靖康熙兩志皆不爲伯彥及羅汝楫立傳亦有深意存乎其間故今所修宦業仍舊而附識於此

四年婺源朱氏井中紫氣如雲是日朱子生○詳朱子世家 嘉靖府志

引近紀詞

紹興二年四月徽州大火夜燔州治譙樓官舍獄宇錢帑庫務凡十有九所五百二十餘區延燒千五百家自庚子至於壬寅乃熄（據宋史五行志補）

閏月徽嚴州水害稼（據宋史五行志補）

八年徽州大水城崩（嘉靖府志）

十八年五月徽州慶雲見（宋史高宗本紀）

隆興元年七月大蝗八月壬申癸酉飛蝗過都蔽天日徽宣湖三州及浙東郡縣害稼（據宋史五行志補）

二年休寧有紫雲繞汊溪經日不散是日太師程珌生（嘉靖

府志

是年徽州艱食據宋史五行志補

乾道中歙沙溪汪氏先世墓側有楮木生菌肥白香甘竊者見楮作人言曰爲報汪氏德遂驚逸嘉靖府志引明仁孝皇后勸善書

乾道四年七月癸亥徽州大水宋史孝宗本紀

五年徽州大飢人食蕨葛六年又飢據宋史五行志補

紹熙二年四月辛丑徽州火二日乃滅宋史光宗本紀

三年五月祁門縣雨自己亥至於六月庚戌據宋史五行志補

淳熙七年諸道大旱江鈞徽婺廣德軍無錫縣尤甚禱雨於天地宗廟社稷山川羣望宋史五行志

八年冬徽饒州大飢流淮郡者萬餘人浙東常平使者朱熹進對論荒政請蠲田賦身丁錢據宋史五行志補

九年徽州大飢穜稑亦絕據宋史五行志補

十五年五月祁門縣霖雨宋史五行志

按祁門縣志云是年夏大水壞河東民居數百間爲溪河道數條溺死者甚衆朝廷察其災異優恤之雖不紀月數以宋史參之疑即五月事也

慶元元年徽州黃山民家古井風雨夜出黑氣波浪噴湧據宋史五行志補

三年婺源張村民家雌雞化爲雄烹之形冠距而腹卵孕

又同里洪氏家雄雞伏子一雛三足一雛無足據宋史五行志補○范準詩羣雞唱罷山月落一雞戴冠却無腳腷膊腷膊轉雛聲乃與雄雞相對鳴有翎飛不高無足胡能行徒爲牝長禍家庭羽毛之孽何由生氣淫運乖非祥禎德輝之鳥翔千仞安肯下食共爾相喧爭

六年五月建寧府嚴衢婺饒信徽南劒州及江西郡縣皆大水自庚午至於甲戌漂廬害稼宋史五行志

八月戊戌徽州火燔州獄官舍延及八百餘家據宋史五行志補

開禧八年江淮浙閩皆旱建康寧國府衢婺溫台明徽池眞太平州廣德興國南康盱眙安豐軍爲甚宋史五行志

嘉定三年五月嚴衢婺徽州大雨水溺死者衆嘉靖府志

四年秋休寧產異粟形如龍鳳江南通志

七年徽州大水城崩舊志

十四年久雨衢婺徽嚴暴流與江濤合圯田廬害稼宋史五行志

十五年婺源縣治儒學災舊志

寶慶二年休寧縣水災據江南通志補

紹定四年婺源縣儒學火祁門有白蓮一枝並蔕雙葩數月不萎舊志

端平二年郡城火休寧吳輔居室產芝三秀九莖舊志

淳祐元年徽州火宋史五行志

按舊志書是年七月郡城火

景定二年郡城火舊志

咸淳六年三月郡城火舊志

元

至元元年徽州雨雹據元史五行志補

二十七年夏祁門大水浸城丈餘官宇民舍多壞卷籍淪沒人民溺死嘉靖府志

二十八年徽州飢据元史五行志補

元貞元年九月郡城火元史五行志

大德三年九月朔祁門隕雪及霜殺禾稼十月望迅風震雷大雨月晦復如之元史五行志

五年夏祁門大旱元史五行志

六年休寧大旱民流徙者不可勝計舊志

十年春祁門雨冰牛羊凍死

十年十一年婺源蝗洊饑多虎是年十一月祁門大水東

門樓及民廬復火

至大二年祁門蝗

三年五月祁門大水

延祐元年婺源儒學火以上見嘉靖志

三年七月婺源州雨水溺死者五千三百餘人元史五行志

是歲夏祁門大旱

五年夏祁門大水

七年夏祁門大旱民多癘

泰定二年冬祁門嚴寒林木枯摧行人凍死

天歷元年夏祁門大水

至順元年夏祁門旱秋復蝗民饑

二年春夏祁門饑復大疫

元統元年春祁門災夏秋大旱

至元二年夏祁門兵火官民廬舍十之九

至正二年正月郡城火

十二年春祁門兵火民居盡井邑邱墟以上嘉靖府志

【明】洪武十七年夏祁門大水八月郡城火延燒學門兩廡

十九年八月祁門火燒民廬一百五十餘家并稅課局

二十三年夏祁門大旱

二十七年夏祁門大水

二十九年黟水復旱

建文三年春祁門火燒民舍千餘以上嘉靖府志

永樂二年七月新安衛霪雨壞城明史五行志

七年閏四月祁門大雨水入城人登屋以避隨屋漂溺死男婦六十餘人

八年祁門多虎知縣路達令民設木柙窩弓藥矢不踰時擒虎豹四十有六虎患遂絕

十九年休寧有蝴蝶大如紈扇飛止人家忽變怪鳥散集鄉村婺源洪德載顯怪詩維天生萬物萬物亦已蕃詞云有妖孽變化異所聞或爲鬼蝶飛或爲怪鳥翔傳翼四其足虎頭而倮身愚民爭設供紛紛謂有神不信罹禍責信之福祿臻錢令磔其一始息衆口讙我蔓訴上帝乘雲欻天閽曰天生異物下民駭瞻觀天曰此由人與天不相干爾民惵相食無復人理存是以有沴氣鬱鬱若遊魂民懷仁義心將致鳳與麟乃命朱雀飛捕逐空其羣坐令民志定稽首謝天恩

洪熙元年五月祁門大水抵縣儀門

宣德七年祁門大旱

正統三年祁門大旱饑

五年婺源朱子廟宅火

十一年祁門大旱以上據舊府志

十三年五月至六月徽州久雨傷稼（明史五行志）

十四年徽州府學產紫芝（據江南通志補）

景泰三年祁門縣大水

四年祁門明倫堂前古桂三株花開黃色秋初忽挺生二枝色變爲紅

七年四月祁門大水山崩石裂漂蕩民居渰死人畜後復旱歲大饑

天順元年郡境有瑞麥休寧一莖四穗者一本兩穗者四十五本祁門兩穗者五本三穗者一本知府孫遇表進於

朝

成化八年六邑旱

九年五月祁門閶門石崩九月養濟院火延燒民居八百餘及儒學徵輸庫以上嘉靖府志

十一年地震生白毛據江南通志補

十四年夏秋六邑旱

十五年郡城火

十六年六邑旱

十七年休寧檀樹作人語自呼爲檀官人

十八年婺源縣學毀產芝

十九年五月祁門大水至縣前

二十年四月祁門雷擊石鐘裂

二十一年夏秋績溪大旱七月祁門火燬民居六百及鐘鼓樓察院儀門

二十三年五月祁門大水平政橋圮是歲績溪清風亭前生雙頭瑞蓮婺源知縣藍章廨古桂一株至是始結子纍纍如葡萄狀味甘美可食以上嘉靖府志

宏治元年休寧旱明史五行志

是年黟大旱饑舊志

三年郡城火九月婺源民居火延儒學文公祠

五年郡城東關火延燒東門城樓及儒學四月祁門火民

居二百家以上嘉靖府志

八年六月甲子黟縣雨豆味不可食据明史五行志補

是歲休寧縣治東秋水亭有蓮生一本三萼祁門儒學火

九年九月婺源民居火及儒學

十二年歙學文公祠右柱上產玉芝大如扇

十四年正月郡城察院火延燒稅課司東廊以上嘉靖府志

正德二年有星隕於婺源芙蓉峯下

三年四月休寧淫雨害麥秋隕霜殺黍是歲祁門黟亦旱

饑

四年婺源大饑

八年休寧火災頻見績溪白鶴道院產瑞竹數本秋婺源大疫

十年九月休寧火燒鼓樓及縣署陰陽醫學總舖旌善申明亭及民居三百餘家婺源縣廳產芝

十三年休寧火災

十四年休寧大旱祁門亦大饑

十五年休寧大水

嘉靖二年休寧饑

三年休寧大疫

六年休寧大水溺死無算西市水深八尺

七年黟大水

八年婺源文廟災

九年休寧齊雲山有鶴百餘來集

十一年五月婺源績溪蝗

十三年夏黟大水秋復大旱

十五年八月婺源晝陰晦雨如棕櫚子皮色紅鮮尾淅淅有聲如霰

十七年婺源多虎傷男婦二百餘口捕獵無策民皆焚山逐虎延燒苗木不啻億萬又久不雨麥無收城東西俱失火燒民居六百餘家

十八年六月婺源大水山崩水高三丈餘死男婦三百餘

人漂民廬舍二千餘所是歲休寧亦大水

二十年休寧四鄉火災頻見

二十二年夏績溪大水

二十三年乙巳休寧績溪大旱饑

二十四年婺源大風雨雹壞儒學兩廡號舍及文公祠坊

五顯廟又縣儀門吏舍民居失火是年休寧婺源祁門又

大饑

三十一年夏秋績溪旱多虎

三十五年休寧築城鑿池之明日蝦蟆蝌蚪累爲城狀首

迎城自西北而南幾四里

三十九年二月甲子歙休寧績溪地震從西而東

四十年婺源大水入市深七尺績溪大雨雪水嘯

四十二年休寧雨雹

四十四年績溪水災以上舊志

隆慶四年二月績溪城隍廟災

六年休寧饑多虎

萬歷元年八月婺源水驟起數丈漂流船隻舂碓

二年休寧東南鄉大風拔木大鳥來

三年休寧榆村大風壞屋六月大旱績溪亦旱

四年三月休寧雨雹五月休寧大水績溪雪又儒學化龍池水騰高三尺許深湖水騰高數尺者三以上舊志

六年休寧氷花成人物車馬草木狀江南通志

七年秋績溪螟冬木氷

八年夏休寧大水譙樓壞績溪大水雷震雀死萬數又多虎

十年夏休寧婺源大水祁門水抵縣儀門城壞數十丈漂没民居田塲不可勝數又雷震祁門文廟比視之見有錫櫝盛骸於聖座下乃識震廟之由以上舊志

十三年休寧白雉見江南通志

十四年五月休寧南鄉大水

十六年十七年六邑饑斗米一錢八分又大疫僵死載道

十八年休寧虎晝入陽山寺適土偶側斃之

二十年休寧林塘范氏祖塋產芝三百本

二十一年休寧臨溪民一日殺五虎婺源秋旱又地坼泉出九月霜殺禾稼

二十三年春休寧大雪路有僵死者秋冬旱池井涸民汲溪水入市鬻之五月婺源火燒民居百餘

二十六年婺源旱夥大水

二十七年休寧大旱

三十年五月婺源大水高數丈山飛入田田變爲阜壓損房至淹溺人畜無算

三十一年休寧疊産瑞蓮

三十二年十一月婺源地震

三十三年休寧大水秋復旱

三十四年六月休寧儒學産並蔕蓮以上舊志

三十五年徽州寧國太平嚴州四府山水上湧漂人口甚衆明史五行志

是年春婺源生瑞竹六月歙休寧大水巨蛟紛出衝没廬田流亡人畜不可勝計

三十六年虎入郡通判署傷人五月歙大水害稼靈山崩壓死居民三十餘人婺源亦大水

三十七年歙大饑休寧大風拔木城南柏樹産甘露六月婺源大水衝損橋梁漂流民居

三十八年歙紫陽山下作壽民橋橋堘有暈如日有光照水三日乃散休寧汊口虎入人家爲二婦人扼殺婺源多虎患入城

四十年五月歙霞山塔成忽有巨木浮水至長五丈八尺取爲塔柱

四十一年績溪白鶴觀火傷百餘人

四十二年婺源大荒

四十三年五月祁門大水城內高丈餘市上乘船往來竟日方落死者甚衆

四十六年休寧西門城樓燬

四十七年四月十三歙霞山初建文昌閣會士締度地畫址日午忽有彩雲繞塔大如月暈與日相映經時乃散

四十八年歙畢懋康家池蓮一莖雙花赤白二色

天啓元年二年婺源多虎患

三年績溪多虎傷數百人知縣區日揚虔禱設捕一日連殺五虎

四年五月婺源大水舟往來城堞上

五年秋大星隕於歙

六年婺源大旱

崇禎五年七月婺源火及環帶門城樓

六年正月婺源明倫堂左廊災延燒教諭廨

八年夏婺源大雨縣堂圯山崩民居漂蕩

九年休寧婺源黟大旱饑道殍相望

十年休寧有嘉禾六穗

十二年歙縣許村石自鳴休寧大旱雨黄沙日昏翳如霧屋室積若塵土

十三年休寧大水復大旱黟亦荒

十四年春大雪僵死相望又大饑歙斗米五錢休寧婺源斗米四錢祁門斗米三錢民多挖土以食至有人相食者績溪亦蝗休寧復火燒一千三百餘家及譙樓十月朔日食晝晦如夜是歲黄山生竹實數十石可食

十五年歙大疫又泮池蓮菂實盡出爲花七月績溪地震

十七年歙縣石鳴以上舊志

國朝順治三年婺源大旱祁門爲浮寇阻水道斗米一金民多餓死黟亦大饑

四年饑休寧斗米六錢婺源斗米八錢道殍山積鹽每觔

一錢二分休寧復大風壞民廬舍

五年婺源疫績溪大水衝圯橋梁數處及田千餘畝

七年婺源大疫績溪大水漂没田地千餘畝

八年五月休寧大水商山出蛟二十八條漂没廬舍有龍繞民家一柱拜禱乃飛去屋無恙績溪學宫池產瑞蓮一莖雙葩

九年績溪地震六縣饑

十年夏婺源大雨雹麥壞又連歲多虎患

十一年休寧西鄉多虎白晝羣行七月婺源大楓木忽仆民薪其枝廹盡忽有聲樹自起冬奇寒

十二年夏休寧大水西南城壞數十丈

十三年四月雷電交作歙霞山塔心柱無火自焚灰燼俱飛中空屹立至今巍然如故休寧麥盡花

十五年八月婺源火民居百餘延燒博士廳及朱子綱目文集板

十六年七月十六日祁門地震聲如雷

十八年黟大旱績溪學宮池產瑞蓮七月旱

康熙二年彗星見婺源大鄣山竹盡生實民採食之其味甘

三年四月祁門大風雨明倫堂古桂高百尺忽拔仆廟甍

無分毫損㞳曲紆迴如遜避狀

七年六月十七夜六邑地震

八年歙民吳士全妻吕氏一産四男

九年休寧大雪有凍死者

十年大旱十月婺源雷震儒學櫺星門十二月復擊文廟戟門西角柱

十一年歙旱荒民掘蕨根地膚以食休寧大風拔木壞民廬

十二年三月有物如飛魚長數尺離地不及十丈首尾燗爍自浮梁飛至祁門往東北去是年月色常紅如火每夜

有羣烏數千驚噪不已

十三年七月十三日婺源地震

十四年歙縣譙樓災

十七年六月婺源龍鬬大雨雹禾盡損

十八年黟大旱

十九年休寧多虎暴

二十二年夏婺源家稟生小黑蟲食稻實一空民乏食績溪大無麥

二十五年婺源明道坊災延燒環帶城樓及民居五十餘家以上舊志

二十七年六月績溪地震（績溪縣志）

二十九年婺源奇寒大木盡槁

三十年徽州府旱婺源淫雨漂没田廬

三十一年休寧富瑯塔無火自焚其頂錫匣藏血書金剛經自頂墮現（以上江南通志）

三十二年六邑旱績溪自四月不雨至六月下旬微雨七月婺源龍鳳山關帝廟後地坼産靈芝五本有紫黄黑三色（舊志）

三十四年十二月六邑大雨四十日（江南通志）

三十五年六邑大水浸城不没者數版是年績溪大有年

石麥六錢石米八錢五分舊志

三十六年婺源歲祲米價昂

四十三年婺源歲饑

四十四年冬婺源太平坊火鐘鼓樓廉惠倉陰陽學申明亭俱燬以上婺源縣志

四十六年績溪大旱

四十七年績溪大雨水秋冬疫

四十八年績溪大旱饑大疫死者無數且多舉家疫死者

五十三年績溪多虎山民震恐且入城

五十五年六月績溪大水漂没田廬蟲傷禾稼以上績溪縣志

秋婺源旱災婺源縣志

五十七年六月歙旱久忽大雨萬蛟齊出西北兩鄉損壞田廬漂淹人畜以萬計邑人汪鳴時有水災紀實二卷歙縣志

婺源績溪大雨水漂没民房田畝橋梁無數婺源績溪縣志

五十八年夏歙大饑歙縣志

六十年夏秋婺源績溪大雨水米價昂婺源績溪縣志

雍正二年冬婺源居民失火延燒朱文公廟婺源縣志

八年夏績溪無麥績溪縣志

十二年婺源重建文公廟工將竣匠人誤落火復災婺源縣志

是年績溪縣民張廷應妻周氏一産三男江南通志

十三年婺源城隍廟災婺源縣志

乾隆二年三月初七績溪大寒風行人樵夫凍死多人

六年績溪一都泉塘産瑞蓮以上績溪縣志

八年春婺源因饒河遏糴米價騰貴至三兩一石民採苧葉竹米及掘石脂粉爲食婺源縣志

九年七月歙大水歙縣志

婺源洪水驟發入城浮舟於市視天啓甲子高三尺壞田廬及溺死流棺無算婺源縣志

績溪夏麥穗兩岐七月蛟水陡發漂沒人口田園廬舍績溪縣志

十年五月婺源水災婺源縣志

十二年五月歙水災歙縣志

婺源大水北鄉尤甚亦入城市上以舟往來婺源縣志

績溪蛟水陡發二次漂沒人口數百田廬無算民饑績溪縣志

十三年四月績溪大雨雹南連歙界一帶田麥盡殺績溪縣志

十六年歙旱大饑斗米五錢民粉稻藁爲食歙縣志

二月績溪翬嶺下桂花開夏秋冬大旱二百餘日民皆鑿溪汲水是歲大饑斗米三百文有零績溪縣志

十月婺源西關外居民失火延燒百數十家婺源縣志

十八年夏秋績溪旱多虎傷人績溪縣志

十九年績溪八都龍井地方產瑞麥一莖雙穗者數本

二十年三月績溪大風雷電雨雹以上績溪縣志

二十一年春績溪多虎傷人十月地震婺源亦地震績溪婺源縣志

二十二年十一月十六日戌時歙地震次日寅時復小震歙縣志

二十四年夏秋績溪多螟歲不登斗米二百八十文大成殿梁產瑞芝之績溪縣志

二十八年三月二十二日歙大風拔木偃屋壓死人畜無數自浮梁起至杭州皆瞬息間事傳聞有物如人與龍鬬云○歙縣志

二十九年春績溪虎夜入城居民震恐夏無麥績溪縣志

三十年婺源地生毛婺源縣志

三十一年三月績溪地生毛五月大水登源水災尤甚八月馬山產珠居人掘出得之逾旬色枯

三十三年夏績溪旱以上績溪縣志

六月歙西鄉池塘井泉之水沸起如立移時乃平歙縣志

三十四年十二月績溪地震

三十五年績溪麥大熟

四十六年夏績溪旱冬雷

四十九年夏績溪大水

五十年績溪麥大熟夏旱自五月不雨至七月始微雨禾早晩俱不登斗米六百六十文秋冬疫

五十一年夏績溪大雨蛟發數處以上績溪縣志

五十三年五月祁門大水溺死六千餘人初六日夜大風雨初七日清晨東北諸鄉蛟水齊發城中洪水陡起長三丈餘縣署前水深二丈五尺餘學宮水深二丈八尺餘沖圮譙樓倉厫民田廬舍雉堞數處鄉間梁壩皆壞爲從來未有之災署知縣陳邦泰通詳撫司臨勘發賑奏請蠲徵修城祁邑屢遭大水是歲尤劇先是有人舁物過祁狀如犢背生三足有二尾其色黑觀者咤之識者預慮其有水

患祁門縣志

五十四年夏績溪旱自五月不雨至七月始雨冬雷

五十五年冬績溪水冰花果竹木多凍死

五十八年績溪大雨麥無收

六十年績溪麥穗兩岐以上績溪縣志

嘉慶元年春祁門霜雪寒凍麥枯祁門縣志

二年冬績溪雷

三年七月績溪城隍廟石欄產花一莖寸餘蕊黃如桂纍纍下垂

五年正月績溪大雪連四五日平地三尺山中高至丈餘

麋鹿野豕斃者無數九月祁門蝗績溪縣志

七年二月績溪黃石坑有校山裂如門與旌邑毗連亦見旌德志夏大旱自五月不雨至七月始雨地焦草枯井水盡涸是歲大歉斗米四百文

十年六月績溪大雨雹學宮牆圮

十一年五月初六日績溪大雨雹東嶽廟西諸司座盡壞大木拔者無算

十四年四月績溪桂花開是歲麥大稔斗米四百二十文

以上績溪縣志

十六年五月歙小雨數日西河水溢魚浮

道光三年六邑大水

六年三月郡城試院東街火延燒幾二百家以上采訪冊

附人瑞

明休寧汪讓洪方人與妻程氏年俱百歲旌表建坊

汪齊上溪口人年登百歲旌表建坊

戴程隆阜人年登百歲魯令給額曰百年尙齒以上見休寧縣志

婺源胡鼎高玉川人年登百歲旌表建坊

余德佐考坑人年登百歲以上婺源縣志

祁門汪銘城東人年登百歲見祁門縣志

國朝歙縣鮑德成妻方氏年登百歲 旌表建坊

方一侃繼妻竇氏巖鎮人壽登百歲　旌表建坊

閔萬麟妻金氏壽登百歲　旌表建坊

徐昌繼妻饒氏壽登百歲　旌表建坊

候選府知事潘起煌年八十七歲翰林院庶吉士曹昞年八十一歲監生張惇方年八十九歲民人姚一溥年八十歲俱親見五世同堂乾隆五十五年奉

旨頒給匾額以彰人瑞

淩元炳年九十一歲五世同堂乾隆五十八年奉

旨頒給匾額

程永康年八十五歲親侍祖父五世同堂嘉慶七年奉

賞頒給七葉衍祥匾額見義行

翰林院庶吉士羅廷梅年八十歲親侍祖父五世同堂嘉慶十年奉

賞頒給七葉衍祥匾額

江朝隆繼妻王氏壽百有一歲五世同堂監生鄭其燦五世同堂嘉慶十一年奉

賞頒給匾額

吳恒德五世同堂嘉慶十八年奉

賞頒給匾額

汪奕亨壽登百歲嘉慶十八年奉

旨建坊　賜八品頂帶

職監徐紹之母喬氏五世同堂嘉慶十八年奉

旨頒給匾額

宋昌凝五世同堂嘉慶十八年奉

旨頒給七葉衍祥匾額

鮑集成妻黄氏五世同堂嘉慶二十二年奉

旨頒給匾額

饒大登五世同堂嘉慶二十三年奉

旨頒給匾額

王永橋五世同堂嘉慶二十三年奉

旨頒給匾額

方成均妻吳氏上磻溪人五世同堂嘉慶二十四年奉

旨頒給匾額 見列女

鮑光高繼妻許氏鮑本書繼妻吳氏俱見五世同堂嘉慶

二十五年奉

旨頒給匾額

胡道明繼妻朱氏五世同堂嘉慶二十五年奉

旨頒給匾額

監生洪縣析妻方氏五世同堂嘉慶二十五年奉

旨頒給匾額 見列女

許漨之妻謝氏壽登百歲五世同堂道光四年奉
旨頒給匾額
胡樹甲妻洪氏壽登百有五歲
洪嘉全妻周氏壽登百歲
王元禧妻吳氏壽登百歲
汪清穗妻呂氏五世同堂
潘宗器壽登百有一歲
汪士存五世同堂
汪應機五世同堂
洪興宗妻方氏壽登百歲

程明榮壽登百有三歲

項承忠壽登百歲五世同堂

程元孚壽登百有二歲

潘榮五世同堂

項懋棠五世同堂

馮正琦鴻飛人壽登百歲

羅觀寶妻方氏忠堡人現年百歲五世同堂以上歙縣續志

休寧金廷訓朱紫人親見七代嘉慶元年奉

旨頒給七葉衍祥匾額

吳士鈹妻汪氏和村人壽登百歲五世同堂嘉慶十六年

蒙

恩賞大緞銀兩建坊

旌表以上休寧縣志

婺源程之秀城西人壽登百歲

方彭先方村人壽登百歲

李世壆嚴田人壽登百歲

汪崇爵曹門人乾隆元年給八品頂帶二十一年壽登百

歲

旌表建坊

程一均碑下村人壽登百歲

江芳桂虎墠人壽登百歲乾隆四十五年

旌表建坊加

賜青色大緞一疋銀十兩

詹文瓚妻汪氏西岸人壽登百歲

戴復炳妻余氏桂巖人壽登百歲乾隆二十八年

旌表建坊等加

賜銀十兩

王清衞妻潘氏楊村人壽登百歲

戴文約繼妻胡氏清華人壽登百歲

陳之楊城東人康熙五十二年恭逢

萬壽入京朝賀

賜宴暢春園并

賜壽桃人葠荷包白金

詹昌璇虹關人候選未入流乾隆三十六年恭逢

慶典加一級五十年正月與千叟宴

賜詩字壽杖銀牌綃疋荷包等物軍機大臣董贈額曰延齡餘慶

徐大坤城北人湖北藍山司巡檢五世同堂

汪文彬妻李氏黃沙人五世同堂

藏復炷妻黃氏桂巖人壽登百歲

贈奉直大夫俞正彪妻江氏汪口人壽登百歲

洪饒生妻汪氏富家墩人壽登百歲

俞文晧妻孫氏思溪人壽登百歲

程世椿妻王氏石梘人壽登百歲

王廷言漳溪人 誥授中憲大夫順德府知府加一級嘉慶元年入京與千叟宴

賜御詩壽杖如意朝珠班指緞疋紙筆硃墨荷包鼻烟壺

洪亦妻王氏虹川人五世同堂

朱彥芳妻王氏羅田人壽登百歲

王承珠豐樂人五世同堂

貢生俞文璧妻葉氏五世同堂嘉慶十三年 題請給額

監生施用鈺年九十二歲親見七代五世同堂以上婺源縣志

祁門章時迅妻汪氏莊坑人年登百歲　旌表建坊祁門縣志

黟縣朱正盛朱村人康熙五十三年年九十二赴

萬壽千叟宴

賜壽桃衣帶人參

朱際會朱村人親見八代

方振聲母程氏厚善人年登百歲

汪興耀妻余氏宏村人年登一百有一歲見列女

胡宗萬妻汪氏壽登百歲　旌表建坊

胡良癸西遞人五世同堂

許兊崇四都人年登百歲

胡應詩西遞人年登八旬五世同堂

胡學淹西遞人年登上壽五世同堂

汪沂郭隅人監生年登八十五世同堂

李尙淇監生湖洋坑人與妻現年俱七十餘歲五世同堂

汪文灝湖洋坑人壽登百歲

汪開誠宏村人壽登九十親見七代五世同堂以上黟縣志

績溪胡光淑妻姜氏龍川人年登百歲　旌表建坊

章瑜鍾妻程氏市西人年登百歲　旌表建坊

許宗岙竹山人年登百歲　旌表建坊

馮光燭妻曹氏馮村人年登百歲五世同堂

程上穎字思敏仁里人五世同堂共爨曾元繁衍百有餘口

郤國玉敍川人年八十三親見八代五世同堂

汪鳳起坦川人郡庠生年八十四親見七代五世同堂

章宇平妻曹氏幽蘭塘人年八十九歲五世同堂

章國英妻汪氏市西人年登百歲

程燮大谷口人五世同堂

章雲程西關人五世同堂

程嘉壓市西人年登百歲

曹國澧 盱川人五世同堂

生員邵雲燦妻程氏 紋川人年八十七歲五世同堂

周瑞積 蓮花塘人五世同堂 以上續溪縣志

徽州府志卷十六之一終

（明）張濤修

【萬曆】歙志

明萬曆三十七年（1609）刻本

歙志總紀卷一

往代

秦始皇帝二十六年庚辰革封建分天下爲三十六郡定荆南地爲鄣郡郡領縣五郡治故鄣歙爲次縣

漢武帝元封二年壬申改鄣郡爲丹陽郡領縣十七郡治宛陵歙爲第十六縣令休寧婺源績溪淳安遂安皆其屬地都尉分

治于此

東漢光武皇帝建武中仍爲丹陽郡省宣城入宛陵郡治如故歙爲第七縣

獻帝建安十三年戊子討虜將軍孫權遣威武中郎將賀齊討歙賊金奇等平之遂定黟歙分歙東鄉爲始新南鄉爲新定西鄉爲黎陽休陽幷黟歙爲六縣割于丹楊置新都郡郡治始新歙爲末縣

晉武帝泰康元年庚子平吳改新都郡爲
新安郡郡治如故歙爲第四縣
宋武帝永初元年庚申仍以新安郡領六
縣郡治如故歙爲第三縣
文帝元嘉三十年癸巳改新安郡爲東楊
州分浙東五郡爲會州
孝武帝孝建元年甲午改會州爲東揚州
合五郡于揚州

大明八年甲辰省黎陽入海寧僅爲五縣
明帝泰始元年乙巳復併東揚州于揚州
齊仍新安郡領縣五郡治如故歙爲第四
縣
梁武帝普通二年辛丑割吳之壽昌屬新
安郡復爲六縣郡治如故歙爲第五縣
五年甲辰復置東揚州
大同元年乙卯析歙華陽鎮地置良安縣

是爲七縣

簡文帝大寶元年庚午侯景遣僞將元義陷新安郡湘西侯蕭隱來奔歙

元帝承聖元年壬申侯景遣僞將呂子榮攻歙尋敗去

二年癸酉復置黎陽縣分海寧黟歙黎陽置新寧郡郡治海寧而歙爲第四縣餘始新遂昌壽昌爲新安郡郡治如故

梁敬帝太平元年丙子并東揚州于歙州

陳文帝天嘉二年辛巳復置東揚州領新寧郡

三年壬午省新寧郡復新安郡屬東揚州省黎陽縣領縣六郡治如故歙爲第三縣

廢帝光大中邑人程靈洗累以擒敵功進封重安縣開國公

隋文帝開皇九年己酉置諸州總管罷天

下郡以州統縣改新安郡爲歙州并黟歙
于海寧刺史治州改始新爲新安縣并遂
安壽昌以屬婺
十一年辛亥復縣黟歙割海寧篁墩于歙
於是歙州領縣三黟歙海寧刺史徙治黟
歙爲次縣
十八年戊午改海寧爲休寧刺史徙治之
歙爲次縣

煬帝大業三年丁卯改歙州爲新安郡領縣治郡如故

十二年丙子郡亂邑人汪世華起兵立砦萬歲山保郡行太守事并宣杭睦婺饒共六州稱吳王

恭帝義寧元年丁丑徙郡治于烏聊山

唐高祖武德元年戊寅秋九月汪華以郡納欵封越國公總管六州尋罷冬十月改

新安郡爲歙州改太守爲刺史領縣治州
如故
太宗貞觀元年丁亥分天下爲十道歙州
屬江南西道採訪使
高宗永徽元年庚戌六月大雨溺死者衆
五年甲寅析歙置北野縣
玄宗開元二十八年庚辰土人洪真作亂
既平析休寧鄱陽置婺源縣

天寶元年壬午改歙州爲新安郡

四載乙酉使者採銀鉛于歙之郭山

六載丁亥改黟山爲黃山

七載戊子罷歙採銀鉛

天寶末年牛與蛟鬬於潭中數日牛出潭色赤人謂蛟死見廣異說

肅宗乾元元年戊戌正月改新安郡爲歙州二月盡蠲租庸五月置宣歙饒道以觀

察使鎮饒州
二年己亥罷宣歙饒道觀察使屬浙西觀
察使治蘇州
代宗永泰元年乙巳蘇冦方清陷歙州州
民保于山險
大曆元年丙午蘇冦平因析歙休地置歸
德縣析黟縣浮梁地置祁門縣又以旌德冦
王萬敵平析歙華陽鎮地置績溪縣於是

領有八縣而州治如故冬十二月復置宣歙道觀察使兼領采石軍鎮宣州
五年庚戌省北野還歙省歸德還休寧領縣六州治如故
憲宗元和三年戊子歙州大旱州民奏汪華保障功得請立廟烏聊山祀之
泰和四年庚戌夏大水害稼
僖宗乾符六年巳亥冦黄巢陷歙州州將

吴九郎死之

昭宗龍紀元年己酉淮南節度使楊行密陷宣州宣歙觀察使趙皇死之行密自稱宣歙觀察使

大順元年庚戌升宣歙道爲寧國軍

景福二年癸丑楊行密陷歙州刺史裴樞奔京師以池州將陶雅爲刺史

天復三年癸亥改寧國軍爲宣歙道

昭宣帝天祐元年甲子陶雅增田賦

二年乙丑楊行密承制拜歙婺衢睦四州都團練觀察處置等使尋卒子渥嗣立國號吳

三年丙寅淮南將王茂章以宣歙二州附錢瓘

四年丁卯唐亾楊渥仍稱天祐歙復附吳

晉高祖天福二年丁酉徐知誥受楊溥禪

國號齊建元昇元歙隸齊
宋太祖開寶八年乙亥江南唐亾歙入于
宋
太宗太平興國元年丙子歙州屬江南道
領縣治郡如故初制鄉里
徽宗宣和二年庚子冬十月建德軍清溪
妖賊方臘反十二月陷歙州州將郭師中
死之

三年辛丑夏四月進勇副尉韓世忠從大將王淵大敗方臘軍世忠手擒臘忠州防禦使辛興宗掠其功五月詔被賊州縣給復三年改歙州爲徽州八月遷州治于城北

四年壬寅州治復故所

五年癸卯州新城成

高宗紹興元年辛亥六月江東盜張琪陷

徽州十一月琪伏誅·

孝宗乾道八年壬辰水災城崩有司繕城

淳熙二年乙未郡侯趙不悔聘邑人羅願

成新安志·

寧宗嘉定七年甲戌水災城崩有司大興

工繕之

理宗紹定四年辛卯城南築漁梁壩成

六年丙午建紫陽書院于紫陽山御書四

字賜額
寶祐四年丙辰封邑人程元鳳爲新安郡
公
恭帝德祐二年丙子招討使李銓知州事
王積翁等率衆降元夏四月副總制李世
達等起義兵拒元不克走行在所邑人江
友直爲州教授不食死
元世祖至元十四年丁丑升徽州爲上路

隸江東道領縣六更知州爲總管以達魯
花赤監路又置萬户府録事司
二十一年甲申置江浙行中書省治杭州
而徽州領縣隸之
順帝至正十二年壬辰蘄黄寇陷徽州路
十四年甲午浙東元帥李克魯復徽州路
十六年丙申浮梁兵起掠歙及休寧

昭代
太祖大明皇帝丁酉時爲吳國公遣大將
鄧愈胡大海取徽州路元將阿魯恢等棄
城遯更路爲興安府以鄧愈爲樞密院判
官鎮之奉宋帝龍鳳三年正朔
四年戊戌
太祖自寧國來駐師興安府烏聊山召見
諸儒唐仲實姚璉鄭居貞朱升

十年甲辰改興安府爲徽州府

十二年丙午

太祖爲吳王置中書省以徽州府隸之

大明洪武二年己酉立府縣儒學設新安

衛并千戶百戶所

十四年辛酉編賦役黃冊始設里長

十七年甲子秋八月郡城火延學門兩廡

建文帝元年己卯二月蠲直隸州縣田租

成祖文皇帝永樂十五年丁酉廢谷王橞爲庶人徙置新安衛
英宗皇帝正統元年丙辰谷庶人橞自新安衛歸于京師
憲宗皇帝成化八年壬辰大旱
十四年戊戌夏秋大旱
十六年庚子大旱
二十二年丙午夏水傷麥

孝宗皇帝弘治三年庚戌郡城火
五年壬子郡城東關災及儒學
十二年已未文公祠右柱産玉芝大如扇
十四年辛酉察院火延及税課司東廊
武宗皇帝正德五年庚午府城西關外建
河西橋
世宗皇帝嘉靖三十年辛亥倭寇起邑人
王直徐海並入寇中分爲島王

淳

三十四年乙卯倭寇數十人自杭州入邑南畧從績溪以去知縣史桂芳創邑城

三十九年庚申二月甲子中時地震從西而東又儒學泮池產臺閣蓮數朶冬城成

四十四年乙丑十一月流賊入境虜掠燒毀民舍丙寅三月復流入境

今上皇帝萬曆元年癸酉府城北關外建萬年橋

十六年戊子十七年己丑洊饑米斗一錢
八分民大瘟疫僵屍載道有司請蠲不迨
知縣彭好古行縣勸民有蓄者煮粥飼者
賴甦
二十八年庚子南京大璫入郡採礦抽稅
一時騷然有司以徽乃
孝陵祖龍豈可創脉苦議包責自二十九
年起至三十四年罷。

三十一年癸卯知縣方承郁重繕漁梁壩成

三十四年丙午正月元日郡城稅務上火

三十五年丁未六月初四日淫雨不止大水爲災巨蛟紛出湮沉廬舍衝没土田流亾人畜在在澤量有司請卹

三十六年戊申二月虎入府官舍五月六月淫雨大水害稼六月靈山崩壞廬舍壓

死居民三十餘人秋郡守楊　創紫陽橋

三十七年己酉歲洊飢斗米一錢三分物

價騰踴知縣張　多所興作以佐荒政民

無流殍

歙志總紀卷一終

【民國】歙縣志

石國柱、樓文釗修　許承堯纂

民國二十六年(1937)鉛印本

雜記

祥異

按舊記祥異言未盡雅馴茲刪其太甚者仍用其例而附益之

宋元嘉二十年十二月白熊見新安太守到元度以獻宋書符瑞志

唐永徽元年六月大雨邑多漂溺　天寶末年牛與蛟鬬數日牛出潭色赤人謂蛟死見廣異記　大歷中黄山石門峯有毛人至山下爲人所殺明日有婦人至哭之舊傳軒轅峯下石仙室樵者入見道士釀酒飲之一杯樵辭不飲道士曰此非汝宿處送至洞口復迷入香林源不得出遂成毛人　元和三年六月旱饑　長慶三年旱　泰和四年夏大水害稼　咸通十年疫

宋咸平二年閏二月箭竹生米如稻民采之充食　宣和二年民人

鮑珙家牛生麟　紹興二年四月郡城火夜燔州治官舍十有九所五百二十餘區延燒民居千五百家自庚子至壬寅乃熄　閏月水害稼　八年大水郡城崩　十八年五月慶雲見見國史　隆興元年七月蝗害稼　乾道四年七月大水　五年饑人食蕨葛　六年又饑　紹熙二年四月辛丑郡城火二日乃熄　淳熙七年旱　八年冬大饑　九年大饑穜稑亦絶　慶元元年黄山民家古井夜風雨出黑氣波浪噴湧　六年五月大水漂廬害稼　八月戊戌郡城火燔州獄官舍延及八百餘家　開禧八年旱　嘉定三年五月大雨水　七年大水郡城崩　十四年久雨害稼　端平二年郡城火　淳祐元年七月郡城火　景定二年郡城

火　咸淳六年三月郡城火

元至元元年雨雹　二十八年饑　元貞元年九月郡城火　至正
二年正月郡城火

明洪武十七年八月郡城火延燒學門兩廡　永樂二年淫雨壞城
正統十三年久雨傷稼　十四年郡學產芝　天順元年境有
瑞麥　成化八年大旱　十四年夏秋旱　十五年郡城火　十
六年旱　二十二年夏水傷麥　宏治三年郡城火　五年東關
火延燒東門城樓及儒學　十二年文公祠右柱產玉芝大如扇
十四年察院火延及稅課司東廊　嘉靖三十九年二月甲子
申時地震自西而東　萬歷十六年大饑斗米一錢八分民大瘟

疫僵死載道　三十五年六月大水衝沒田廬流亡人畜無算　三十六年虎入通判署噬傷九人　五月大水害稼靈山崩壓死居民三十餘人　三十七年大饑　三十八年壽民橋成橋墚有暈如日赤光燭水三日乃散　四十年五月霞山塔成巨木忽浮水至修五丈八尺取爲塔柱　四十七年四月十三日霞山初建文昌閣會士紳度地畫址日午忽有綵雲繞塔大如月暈與日相暎經時乃散　四十八年七月畢懋康家池蓮一莖雙花赤白兩色　天啓五年秋大星隕尋有黃山之禍　崇禎四年泮池臺閣蓮生郡守陸錫明閱童子卷五色雲見　十二年許村石自鳴　十四年春大雪僵死相望又大饑斗米五錢人相食　十五年大

疫泮池蓮菂實盡出爲花　十六年霜松成方枝　十七年許村石鳴又赤眚見

清順治十三年四月雷電交作霞山塔心柱不火自焚灰燼俱飛中空屹立至今巍然如故　康熙八年南鄉吳士全妻呂氏一產四男　十一年旱饑民掘蕨根地膚以食　十四年譙樓災　三十年旱　三十二年旱饑　三十四年十二月大雨四十日　三十五年五月大水及城漂壞廬舍墳塋無算　五十七年六月旱久忽大雨山洪暴漲西北兩鄉壞損田廬漂淹人畜以萬計　邑人汪鳴時有水災紀實二卷　五十八年夏大饑　六十年夏大饑　乾隆九年七月大水　十二年五月水災　十三年四月大雨雹傷麥　十六年旱

大饑斗米五錢民粉稻藁爲食　二十二年十一月十六日戌時地震次日寅時復小震　二十八年三月二十二日大風拔木偃屋壓死人畜無數自浮梁起至杭州皆瞬息間事　三十三年六月西鄉池塘井泉之水沸起如立移時乃平　四十九年夏五月大水　嘉慶七年夏大旱自五月不雨至七月始雨歲大饑　十二年西鄉程曾熙家田產嘉禾一莖雙穗者五本　道光三年夏五月大水　六年三月郡城試院東街火延燒幾二百家　八年五月大水衝沒田廬人畜甚多　十五年夏大旱　十七年五月大水　二十年春嚴霜麥苗盡萎復抽吐華結實如故　二十一年冬大雪次年麥豐收　二十二年六月朔日食晝晦如夜　二十五年夏秋間兩月不

雨大饑　咸豐元年三月十二日大風雹傷麥拔樹無算　十一年臘月大雪平地深五尺許時大亂未已飢寒交迫死者甚衆　同治元年大疫全縣人口益減　七月十一日大水　三年秋歙南仙源一帶雨豆外紫中白狀如菉豆　七年仙源上庄等處麥穗兩岐　夏大水毁橋壞屋甚多　八年無麥　光緒八年夏大水　九年□月郡城火延燒税務上店舖五六十家　十一年大水災甚鉅　十八年夏大水淹没田廬人畜無算　二十一年五月某日晨溪頭村中大塘忽中裂水兩旁溢中一線見底越一分鐘復合　二十七年三月郡城火延燒税務上店舖六七十家　五月初十大水災甚鉅　三十四年冬大雪而雷　宣統二年除

夕雪鳴雷　三年除夕大風

人瑞附

清安人鮑德臣妻方氏蜀源人壽登百歲乾隆七年奉旨建坊　方一侃繼妻竇氏巖鎮人壽登百歲乾隆二十五年奉旨建坊　閔葸麟妻金氏　徐昌繼妻饒氏均壽登百歲奉旨建坊　翰林院庶吉士曹昞壽八十一　候選府知事潘起煌壽八十七　監生張惇方壽八十九　姚一溥壽八十均五世同堂乾隆五十五年賜額　淩元炳壽九十一五世同堂乾隆五十八年賜額　程永康壽八十五親侍祖父五世同堂嘉慶七年賜七葉衍祥額見義行　翰林院庶吉士羅廷梅呈坎人壽八十親侍祖父五世同堂嘉慶十年賜七葉衍祥額　江朝隆繼妻王氏東關人壽百有一歲五世同堂嘉慶十一年奉旨建坊賜額　監生鄭其燦長齡橋人五世同堂嘉慶十一年賜額　職監徐寶之母喬氏路口人　吳恒德茆田人均五世同堂嘉慶十八年賜額　汪奕亨贍淇人壽登百歲嘉慶十八年奉旨建坊賜八品頂帶　宋昌寧上豐人親侍祖父五世同堂嘉慶十八年賜七葉衍祥額　鮑集成

妻黃氏五世同堂嘉慶二十二年賜額　饒大登北關人親侍祖父五世同堂嘉慶二十三年賜七葉衍祥額　王永橋蘂塢人五世同堂嘉慶二十三年賜額　方成均妻吳氏上硰溪人五世同堂嘉慶二十四年賜額見列女　鮑光高繼妻許氏蜀源人　鮑本善繼妻吳氏蜀源人　胡道明妻朱氏槐充人　監生洪源析妻方氏陽川人見列女均五世同堂嘉慶二十五年賜額　許雝妻謝氏許村人壽登百歲五世同堂道光四年奉旨建坊賜額　黃勤偉妻程氏檀墅人壽登百歲咸豐元年奉旨建坊　宋智勳妻祁氏屯田人夢蘭母咸豐初賜七葉衍祥額　吳士楠及妻張氏昌溪人同登大耋五世同堂咸豐六年賜額　張立鈞妻吳氏柔嶺下人年八十六五世同堂光緒十六年賜額　程桂功妻巴氏桃源塢人壽九十餘五世同堂光緒二十年賜額　葉光衍藍田人壽九十光緒三十三年賜七葉衍祥額　項永忠古村人　羅觀寶妻方氏忠堡人　方光進妻洪氏三十三都人均壽登百歲五世同堂　畢登楨妻江氏石耳人壽九十五世同堂程侍郎恩澤題額幷跋贈之　胡樹甲妻洪氏方塘人壽百有五歲　王祐妻江氏鳳凰人壽百有四歲　程明榮槐塘人　汪大蘇妻吳氏洪琴人　許蔭禧

妻羅氏許村人　宋晨髮妻鮑氏上豐人壽均百有三歲　程元孚槐塘人　張文明祖母
江氏仙源人壽均百有二歲　潘宗器大阜人　汪艮村妻朱氏汪畝田人　口德順妻胡氏坤沙
人壽均百有一歲　馮正琦鴻飛人　汪祚幹汪村人　汪士誠富堨人　徐雲鳳古關人　周廣興
荊村人　洪嘉全妻周氏陽川人　王元禧妻吳氏余岸人　洪興宗妻方氏陽川人
王開大及妻許氏產慶人均壽登百歲　程立沅及妻蔣氏湯口人壽皆九十六　胡義暉
鳳凰人　汪士存小佛坑人　汪應機葛山人　潘榮大阜人　項懋棠古村人　周餘起荊村人壽均九
十餘　汪清穗妻呂氏梧竹園人　馮基定妻王氏鴻飛人　鮑倫高妻吳氏鮑屯人　鄭
時輔繼妻詹氏堨田人　淑人許恭壽妻葉氏唐模人均五世同堂　江其葉汪畝田人七世
同居　方金皓輞川人壽九十六七葉衍祥　胡禮禋義暉孫七葉衍祥　王懋楠葉岔人七葉衍祥

（清）陳柄德修　（清）趙良霨等纂

【嘉慶】旌德縣志

民國十四年（1925）旌德呂氏石印本

祥異

唐元和九年宣江等州大水害稼新唐書五行志

長慶三年宣歙等處旱通志

太和四年夏大雨水害稼七年秋亦如之舊志

咸通十年有異鳥極大四目三足鳴山林其聲曰羅平占曰有兵人相食未幾黃巢寇宣州郡邑萬歷府志按羅平鳥見五代史吳越世家今郡志以爲應在黃巢之寇宣州似屬誕妄

宋太平興國七年三月宣州霜雪害桑稼宋史五行志

咸平二年閏二月宣池諸州箭竹生米如稻時民饑採之充食宋史五行志

大觀元年宣州芝草生宋史五行志

紹興二年宣州大雨錢通志

二十三年宣州大水其流泛溢至太平州宋史五行志

隆興元年七月飛蝗蔽天日敝宣湖三州害稼宋史五行志

二年七月寧國府大水浸城郭壞廬舍操舟行市者累日宋史五行志舊志云邑中禾稼被傷

六年五月寧國府大水漂民廬湮田稼潰圩堤民多流徙宋史五行志

淳熙二年秋旱舊志

紹熙五年八月大水淮浙郡國皆饑寧國爲甚人食草木通考

嘉定八年春旱首種不入至于八月乃雨建康寧國府等處爲甚宋史五行志

十七年大水民流徙甚衆舊志

元至正十三年十一月寧國路地震府志

二十七年寧國等路大水續通考

二十九年寧國等七路大水府志

大德元年池州寧國水元史舊志云元年饑

二年寧國等路大水三年亦如之府志

四年三月寧國太平兩路旱元史舊志云三月雹

六年五月寧國等路饑元史

至治元年三月寧國路饑元史

泰定三年九月寧國諸屬縣水元史

天歷二年寧國路饑元史

至順元年寧國路饑七月寧國路屬縣皆水沒田一萬三千五百頃舊府志

至正十五年大旱米升銀二錢舊志

二十三年旌產瑞麥其幹五穗三十有二圖其狀鐫之石舊志

明正德三年旱民多病疫知縣顧玶設法賑救舊志

嘉靖二年應天地震旌亦然舊志

二十一年八月狂風大作雨雹禾稼傷舊志

二十二年鄉村多虎白晝傷人食犬豕無數知縣甘澧募獵者捕一巨虎餘悉遁舊志

二十三年饑斗米銀二錢舊志

萬歷九年斗米銀三錢二分舊志

十五年大熟斗米銀三分八釐明年旱斗米銀一錢八分戊
子己丑連歲大荒舊志
二十五年丁酉冬大雪害麥明年戊戌大旱米價昂貴知縣
蘇宇庶捐俸買穀以賑舊志○蘇公嘗作荒教示民曰嗚呼天災流行饑饉薦降民羸幾卒我用
夙夜不遑思逕續乃命于天計惟傾囷倒廩罄縣官之儲
為若曹延旦夕而縣官之儲有幾即罄而貸若人不過得
數斗得不過數入誠哉救荒之無奇策也我聞曰有備無
患今我何以告我父老子弟亦惟我父老子弟無然泄泄
早自節縮愁然若將有旦夕溝壑之懼庶幾反天心之厭
災貽我來牟若曹猶可不至溝壑云耳夫時詘者不可以
舉盈也自今以往若嫁娶宦變興築之事姑且一切停止
以俟豐年夫毫釐以往莫不有益必無輕其毫釐而積之
者今夫賑夫賑婦至窮困也而幫役傭工日可得銀一分
則至食入釐積四日則餘一日之食矣今雖不能後必無
饑今雖不行後必無困惟早計之大約人家有內費有
外費內費衣服飲食之類是也外費親戚朋友過從酒食
往來慶吊之類是也外費內費則略相當今必得已即已
必不得已亦量吾力所能而又倍加節省余見人家通患

諱已之貧雖家無擔石之蓄猶恐人窺見底裏往來酬酢勉加觀美至勢窮力詘而不悟夫貧者不以貨財爲禮亦誰不諒焉必欲外爲觀美而內則父母妻子饑餓不敢出聲豈非愚之甚乎 茲邑頗尚氣好訟夫身一在官兩造未具互相羈縻本業一廢矣遠鄉之人不能裹糧入邑必食于逆旅主人家逆旅一餐則家之三餐也吏胥徒卒需求百端曲直既剖小眚得從寬縱矣若在不肯之科鉤金束矢我有司豈能有庇焉則曷不忍辱爲高歲之之不登奈何以一仰事俯育之貲狗一朝之忿耶 夫百日之蜡一日之澤一國之人皆若狂矣然而年不順成則八蜡不通以謹民財也吾今與若曹約雖歲旦更始必令然無以異于他月無得相邀置酒酬飲爲樂庶幾古者年不順成八蜡不通之義，且子不見夫蜂乎釀蜜已成必加封固焉非窮冬不發也然且經營于外而食之子有百工技藝之事不然則或傭作或負擔早作暮息猶足以自餬其口子乃不嗣爾股肱子乃康好逸豫有不腆之入子乃坐而食之不盡不休 則惟爾自速饑是子之智不若蜂也流離轉徙悔何及矣 凡我告爾無他端亦惟是儉亦惟是勤爾既遵我教而終有不足則惟我有咎非汝之故也尚敬聽之哉

崇正十四年三月二十四日午後大雨雷擊縣治堂正壁碎

之知縣朱朝瑛時理事驚走是年大饑斗米銀三錢二分朝瑛諭富民減價平糶每升銀二分捐俸煮粥於四路全活甚衆舊志

國朝順治八年五月辛酉晦六月壬戌朔連日大雨旌及宣涇寧太諸縣山同時蛟發平地水丈餘漂民居壞橋岸人畜溺死無算府志

康熙十四年六月十九日大雨至二十一日蛟起水暴至裔亭居民淹沒六十三人節婦副總兵劉統妻趙氏與焉里人劉喬

孽蛟行丁酉六月二十一大雨滂沱連三日天地黯慘鬼神愁孽蛟出土吼聲疾村墟倏忽半淵藪危堂傑閣逐波走漂沒田廬隄厲威六十三人及節婦趙家美娃善殯饔及笄于歸妻劉統世間好事惟忠節臨難諄諄囑趙共捧誦君緘聲哽咽遺孤二齡姑耄耋養姑哺孤盡十指飲冰茹蘗眼流血乙酉于今十餘載煢煢孑影矢不改蝸龍天

遣完貞操芳型貽世千秋在叮嗟乎蛟祟肆毒酷且虐殞
人頭刳無全襦飾婦身死凛如生見者聞者都驚愕憶昔
將軍死燕市市棚屋瓦沙風起今
朝道婺遠殉夫翻濤掀浪亦如此

四十二年邑東北烏嶺石覓山一帶虎出以數十計傷人甚
多舊志

四十六年旱舊志

五十五年夏四月大水六月至秋大旱邑人方學成旱澇吟八十額上邵伯佟公

皇帝丙申歲歷稔五十五萬物多恒和陰陽合其序嗟此下民愚
所事多錯迕暴物棄倫常作孽罹罪咎是用召羵夷天心
赫斯怒倒海動鯨波銀河傾四宇龍罔奉前驅潛蛟幽壑
舞山崩石以摧有似拉朽腐牛羊似梗萍拔木直漂杵乎
疇生巨浸二十麥没深湾涌撼比風蓬衝激及柱礎室廬驚
簸摇兒女寧復聚哀哉濤中殍流離俱失所浩蕩際時清
招呼賴牧圉溺人遇拯援幸脱昏墊苦且期理故莠又復
勤耕暨泥塗植晚禾壠塲藝赤黍餘年享太平猶爲老農
聞寧知天降災還如不慈父自夏徂秋深赤烏日當午大
漏詎云竭未獲女媧補何無涓滴遺下地成焦土原田盡

穡坼苗枯等束炬爍火金欲流心熏酷若煮邛壠絕甘霖
卑濕施灌戽桔槔不憚勞晝夜多傴僂柰受旱魃虐脈神
擊社鼓炎威盛鬱蒸百蟲復爭蠹種類比蝗蝻瑣細何足
數翕聚無多時害與螟特伍高下並凋敗衣食安所取父
老起長歎丁男嗟咨竊囪禝相連結自顧誠無主相率走
縣門懇乞陳
當宁躬逢堯舜世饑溺有稷禹
至尊垂仁慈憲臣悉噢咻心思我郡侯瘡痍久摩撫時維諸邑長
亦各事靡盬勘澇遍江鄉驗旱及村塢鴻雁鳴聲悲蒿目
焉忍覩火急申文書字字悽肺腑傷重難遽復多方設補
苴蠲租
詔早頒天恩照蓬戶窮黎苦艱食寧俟上版部臣黯在淮南矯制
發倉庾所亟在民情豈復畏鈕鍔從知
天語溫必且重歎許差徭得緩征涼風去大暑政簡訟獄衰恤刑
空囹圄又豈務姑息奸盜力創拒年穀當順成八蜡始可
舉閭里令相親孝養厥父母感召天地和胥忘祝與詛且
念此六邑大聲諭商賈宣南平衍多稻粱有豐膴涇旌暨
寧太僻壤依山阻中野聽嗷嗷饑魂盼一縷腹地使流通
移粟仿自古非愛尺寸膚俱我左右股還令出外江連艘
進柔櫓姑孰倍有秋上流達三楚秦晉美泛舟況今風教
溥三冬足轉輸勿致懸二釜仍行勸高門廉粥量施與恩
同失母兒一朝得哺乳費止牛一毛功德恒河鉅蔀屋獲

少甦誰復憂無怙貧士誦讀安紅女勤織杼百工食其力農免責犢牯且欲慶曾孫期能報田祖再逢大有年萬類生氣吐愚生本計拙托業事毫楮幸依巖穴居陷淖未羈羽今茲值薦災怯夫更遇虎緬想舂陵行公與元也侶予雖愧詩人呻吟慕杜甫有懷前欲陳跼蹐重延佇念抱杞人憂何敢越樽俎感激作危言要非紙上語循良二千石悉已善所處願繪幽風圖重來獻大府

五十六年旱舊志

五十七年六月二十五日黎明邑及宣城涇歙休寧績溪諸縣蛟同時發水勢洶湧人民橋梁漂壞無算城北石壁山路咸圮知縣周崑申報檄宣城令杜濱查勘杜有詩云老蛟吹雨水欲立一夜山墳競起蟄淼茫大地盡洪波小視西江直一吸可憐澤國人其魚何用賽雨走巫覡奉檄檢災至旌陽綫到涇川已於邑室廬漂泊等浮沙摧拉萬物如棄礫傳聞蛟虐最慘悽徽之六邑數休歙滿地卷沫皆流屍豈啻枯魚過河泣山崖東滿力正强消以空江勢稍息宣民藉此猶無虞已苦水旱相連遍在昔月令命漁師伐蛟勿使禍終及似此

流離可奈何濟
川端望有舟楫

六十年旱舊志

雍正八年水舊志

十年災舊志

乾隆三年秋禾被旱舊志

八年夏秋旱斗米銀二錢伍分城鄉大姓各祠捐貲買米減價平糶知縣蘇一圻申請撫部院范公燦獎諭勒碑縣前舊志

九年秋石鼂山磣嶺蛟起有大石飛徙山岡水暴漲下衝將軍殿民廬多圮漂沒男婦二十一知縣蘇一圻詳請賑恤舊志

十三年夏旱斗米銀三錢各祠買米平糶亦有計口授糧者其費有公捐有獨輸及秋熟後米猶一石銀二兩三錢舊志

十六年夏大旱禾盡槁

十七年春大饑斗米銀三錢

二十一年大饑

三十四年大水

五十年大旱斗米値足伯錢五百民多殍死

五十一年旱

五十六年正月大寒雪霰着樹成氷晃朗可鑑樹木多凍死者

六十年大稔

嘉慶三年十二月雨木氷折傷無算

七年五月五都椥樹嶺小枝山隱隱作訇雷聲數日後山裂

如澗長十數丈澗五七尺不等深丈餘是秋大旱

十年八月天氣晴霽十四都上高山忽自坼裂由上而下約十丈許如發蛟然

十一年歲大稔斗米銀三錢是年七月初五日大雨雹其形如盌如卵初十日十八都十四日晁溪等處並如之未害稼也

按舊志以祥異分列而所謂祥者自瑞麥外不過官署雙蓮與延壽寺青蓮耳其有關于民之休咎者幾何觀春秋書法凡水旱螟蝗則異也有年大有年卽爲之祥今并而書之而不顯區爲若祥若異亦取法于魯史之微旨

旌德縣志
卷之十

（清）王椿林修　（清）胡承珙纂

【道光】旌德縣續志

民國十四年（1925）旌德呂氏石印本

雜記 祥異 附錄

祥異

嘉慶十五年歲大稔斗米銀二錢八分

十六年夏旱

十九年夏秋大旱斗米銀肆錢七分五厘民多饑饉

二十五年秋旱斗米銀三錢九分八厘

道光三年大水四月中旬至五月二十日大雨如注日夜不絕七月復大雨蛟水陡發損傷田地橋梁道路房屋無算斗米銀四錢二分

五年歲大稔斗米銀二錢四分五厘

孫村水口隆興橋嘉慶十三年後忽有鯈魚千餘游泳其下紅白相間里人因禁釣網今更蕃衍爲游觀之勝

【民國】寧國縣志

王式典修　李丙廬纂

民國二十五年(1936)鉛印本

雜志

災異

宋

淳熙乙未歙縣李生浪遊至寧國行倦值一筓女於茅岡桑林自言蔡承務家五十三姐遭嫡母逼逐得金銀數十兩隨身苟逃性命李慕其財色攜之西留漢川開米舖七年生男女各一積數千緡忽有人自稱何法師見此女探袖中幅紙磨硃砂濡筆書符以水精珠炤太陽取火焚抛門内女大怖即滅李攜兒歸經寧國境訪所謂蔡氏無有也

紹興四年霪雨自四月至五月縣大水害蠶米蔬稜

元

至元十三年十一月寧國縣地震

明

嘉靖時立八蜡廟歲多旱蝗後去其廟三年蝗遂絶

萬曆四十年十一月夜雨有雷隱隱時寧三十九都民汪應李家男

婦兒女同室卧者六人俱震死

崇禎十四年辛巳蝗蟲來寧彌山遍野秋稼少收冬月饑民成羣發

富家倉廩幾欲爲亂縣令姜荃林詳府司理漆嘉祉按縣嚴治得

靜是年六月十八寧國地震

清

順治辛丑港口銀匠陳廷弼妾晨起臨妝畢忽見地泉溢出急問其夫時廷弼猶卧牀語未竟婦併妝臺陷入於地急起求之洶湧不可得

康熙七年白毛遍地燎之有腥氣次年大水

康熙八年西河大水蛟泛西津橋並堤盡圮

康熙十一年夏縣通靈峯山一日發蛟數十望之如櫛

康熙十七年旱災

康熙四十五年大旱至四十六年高田槁死溪田又以他邑水溢没至四十七年瘟疫大作十家九病死者殆半村落間往往有舍無人至四十九年止

康熙四十七八兩年水旱疊告時疫流行至四十九年知縣陳養元醫藥頻施全活者衆是年大旱田間督築水壩躬親虔禱隨大雨遠近沾足

康熙五十年正月初二日文脊山鳴聽之如大風又如洪水奔壑至初六日方止（以上清康熙舊志）

道光十五年秋旱是年麥大熟故爲災不大

道光十七年夏大水淹沒人民房屋田畝（胡樂司巡檢謝同兵役十餘人俱淹死遂失印）

道光二十一年大雪

道光二十三年夏大水田多淹漲

道光二十八年大水漂沒人畜無算（舊採訪冊）

道光二十九年冬縣西鄉小嶺塘民家產一男項有兩肉角自額至腦後肉瘤纍纍相屬如戴串珠額及兩顴赤肉隆起突目獠牙暴長約三十斤向人語唓唔不絶聲類鳥獸民不敢育饑寒而斃

道光二十九年夏大水縣蛟起山水尤甚濱河民房淹至屋脊人多淹死冲壞房屋田畝橋梁無數是年南闈改期九月

道光三十年地震有聲殷殷如雷

咸豐二年二月初六日縣城北石埂壩民家產一女側面四手四足自臍以下體合為一生時已斃

咸豐初縣章家橋有山崩裂飛去十餘里屹立田中南鄉採訪冊

咸豐五年四月縣山中木樨盛開五月初四日黃昏有星大如滿月

四小者從之自東南方横行而西甚速光燭天地小桃源獅山白雲觀見者十餘人山下居民不見其物遂訛傳天開眼

咸豐二四五年連年荒歉飛蝗蔽天所集田苗稼立盡

咸豐六年大旱人相食

咸豐七年縣東西河百餘里白魚擁岸而至可掬食者多病或以爲蝗所化故不可食

咸豐初民間多設花燈蠱賭場略如射覆自徽漸傳來凡三十字日懸一字晨閟夕開使人以錢射之中者贏三十倍近場數十里居民皆廢業忘寢食以攻賭徹夜男女暗守壇廟墳冢以祈鬼示徵或自裝鬼及死尸以引之曰點紅每村以一人代衆攜錢往来曰

走水破產致命所在有之其士類又多惑於乩仙朝夕虔奉皈依為弟子各賜法名一縣境不下數百壇夫災亂將至妖異迭興天之所以警人使人自警以弭災者也至於人自為妖而災遂不可弭矣斯時士民不儆諸人而儆諸鬼舉國若狂識者傷之

咸豐十年寇兵所止皆有黑霧晨起登山望之若黑霧入山是日寇必至難民輒以此為候

同治元年亂定五月寧國瘟疫流行全境死亡枕藉無人掩埋見狸子山劫後餘生錄據鄉老言寧民死於鋒鏑者十之三死於瘟疫者十之七散於四方來歸者不及十分之一至今土著少客籍多足以儆之

同治四年以後野豕傷稼自兵火後人烟稀少草木繁盛野豕百十成羣所過田禾立盡農民於禾熟時晝宿

田間吁號四徹同治四年以至七年歲皆豐稔，豕損其十之三四
而米價仍儉者食之者寡也又近歲多虎患山中有獸狀如犬而
大，色黃赤而有光黑唇恒偶行能食虎及野豕不爲
人害或謂此獸鼻竅不通非目見不知故所食亦寡

同治五年五月初一日地震十一日縣大水田畝多淹沒

同治六年五月白龍見西津見者十餘人雲罩其首項以下鱗甲如銀移時始升

同治七年三月十九日雨雹皆渾圜如珠大者如盞平地頃刻積一
二寸次日始消

光緒八年大水淹沒人畜無算者民言

民國

民國十一年秋大水冲沒朱家橋沙埠鎮平亭渡人畜田禾無算

民國二十三年大旱民間樹皮草根食盡惟一五兩區荒慘尤甚

(清)清愷修　(清)席存泰纂

【嘉慶】績谿縣志

抄本

祥異

唐永徽元年大雨水

元和三年秋旱饑

長慶三年旱

泰和四年大水害稼

宋咸平四年竹生米如稻

紹興八年大水

明成化八年旱　十四年夏秋旱　十六年旱　二十一年夏秋大旱　二十三年主簿廨清風亭前池中生雙頭瑞蓮

正德八年白鶴院産瑞竹數本

嘉靖十年五月蝗至　十四年無麥　二十二年夏大水

二十三年夏大旱飢　二十四年春大饑夏秋大旱

二十五年夏旱　二十六年夏旱　三十一年大無麥夏

秋旱多虎　三十二年春夏旱　三十九年正月十八夜

登源忠烈廟災　二月二十八日申時地震隱隱有聲　四

十年春大雨雪二月十六夜河東橋水嘯夏五月大水

四十四年火災

隆慶四年二月初八夜城隍廟災

萬曆三年夏旱　四年夏五月初七日午未時七八都雨

雪頃刻山野皆白儒學化龍池水騰高三尺許復大水
七年秋蝗冬木冰　八年夏大水雷震雀死萬數多虎
十六年飢　十七年飢斗米一百三十文大疫　三十六
年化龍池產並頭蓮　四十一年城北白鶴觀內演戲大
災傷斃一百七人
天啟三年境內多虎
崇禎十四年春大雪秋蝗自寧國來境蝟集障天至雄路
臨溪止後因春雨自滅　十五年七月地震
國朝順治五年七月大水衝圯橋梁數處田地千餘畝　七
年五月大水漂沒千餘畝　八年化龍池產瑞蓮一莖雙

葩 九年二月地震從西而東歲飢 十八年化龍池產
並頭蓮 秋七月旱
康熙十年旱 二十二年大無麥 二十七年六月地震
三十二年夏旱自四月不雨至六月下旬微雨 三十
四年十二月大雨四十日不止 三十五年大有年石麥
六錢石米八錢五分夏大水 四十六年大旱 四十七
年大雨水秋冬疫 四十八年大旱飢大疫死者無數且
多攣家疫死者 五十三年多虎山民震恐且入城 五
十五年六月大水漂沒田地蟲傷禾稼 五十七年六月
大雨水漂沒民房田畝橋梁無數 六十年大旱

雍正八年夏無麥　十二年多虎患縣民張廷應妻周氏一產三男

乾隆二年三月初七大寒風行人樵夫凍死多人　六年一都泉塘產瑞蓮　九年慧星見夏麥穗兩歧秋七月蛟水陡發漂没人口田園廬舍　十二年五月蛟水陡發二次漂没人口數百田廬無算民飢　十三年四月大雨雹南連歙界一帶田麥盡殺　十六年二月翬嶺下桂花開夏秋冬大旱二百餘日民皆鑿溪汲水是歲大饑斗米三百文有零　十八年夏秋旱多虎傷人　十九年八都龍井地方產瑞麥一莖雙穗者數本　二十年三月大風雷

雹雨雹　二十一年春多虎白晝傷人冬十月地震　二十四年夏秋多蝗歲不登斗米二百八十文大成殿梁產瑞芝　二十九年春虎夜入城居民震恐夏無麥　三十一年三月地生毛五月大水登源水災尤甚八月馬山產珠居人掘土得之逾旬色枯　三十三年夏旱　三十四年八月夜闌有彗星見南方光芒有刺西指長數丈經旬始滅十二月地震　三十五年麥大熟　四十二年十二月十三日黄昏時有星紅色自西北角飛移其聲如雷有雲隨之漸不見雲經時不散　四十六年夏旱冬雷　四十九年夏大水　五十年麥大熟復旱自五月不雨至七

月始微雨禾旱晩俱不登斗米三百六十文秋冬疫　五十一年夏大水蛟發數處　五十四年夏旱自五月不雨至七月始雨冬雷　五十五年冬木冰花果竹木多凍死　五十八年大雨雹無麥　五十九年大無麥　六十年麥穗兩岐

嘉慶二年十月二十夜星隕如雨冬雷　三年七月城隍廟石欄產花一莖寸餘蕊黃如桂纍纍下垂　五年正月十五大雪連四五日平地三尺山中高至丈餘麋鹿野豕斃者無數　七年五月二都黃石坑有杖山裂如門與旌邑毗連亦見旌德志　夏大旱自五月不雨至七月始雨地焦草枯井水

盡涸是歲大歉斗米四百文　十年六月初四日大風雨雹隱隱有龍聲學宫墻圮　十一年五月初六日大雨雹東嶽廟西諸司座盡壞大木拔者無算　十四年四月桂花開是歲麥大稔斗米四百二十文

章亮工　時欽　校修

【同治】祁門縣志

（清）周溶修　（清）汪韻珊纂

清同治十二年（1873）刻本

雜志

祥異

自董仲舒治春秋推陰陽以記祥異後世述焉易曰幾者動之微吉之先見者也周内史叔興曰吉凶由人宋公之言仁而熒惑退舍殷主之政理而桑穀去庭天道遠人道邇葢可忽乎哉志祥異

宋

孝宗湻熙十五年戊申夏大水壞河東民居數百間爲溪道溺死者甚衆朝廷察其災優恤之

理宗紹定四年辛卯福廣門外白蓮一枝並蒂雙葩數月不萎

端平元年甲午邑多虎傷二千餘人邑令傅褒募人擒其十之一

主簿姚炎捕虎記畧

祁邑重岡複嶺參天際雲巖谷幽阻林莽叢茂有人跡所不能到皆虎豹之所藏聚日久歲深其類滋殖三五而羣磨牙搖毒前後血於牙者二千餘人其出沒處種藝之地盡廢耕樵一方之民銜痛茹苦莫不欲食肉而寢皮以快其憤而力有不能逞焉端平改元傅令君來宰斯邑憫夫人罹害之慘指心自誓為民勦除有可以為殄滅計者知無不為精虔祠禱靡神不舉詢謀獻畫靡人不周增賞聚金運糧給衆藥矢窩弓罟獲陷阱羅山竟野射必命中自是人心思奮皆賈其勇陸續獻擒十有一焉人情久憤一旦頓舒誠足慰幽魂而安百姓

畊雲鋤月生穀之地無不墾採生茹美養生之利無或遺井里相安骨肉相保無復曩日探穴負嵎之憂履尾劘牙之患矣昔一虎渡河詫為異政況一朝獲十其數向巖去積載所不能去之患為前令所不能為之功哉今臺府交上其功朝廷亟議其賞固所當然傳令君名襄溫陵人先朝獻簡名臣之冑偉績嘉政彰彰在人耳目而虎政一條惠利尤甚

博云嘉熙改元七月既望

寶祐元年癸丑淩清塘蓮開一枝雙葩相向臨風嫣然狀如交頸

元

世祖至元二十七年庚寅夏大水城市高丈餘壞官宇民廬卷籍渰沒人多溺死土田大損

成宗大德三年己亥秋九月朔隕霜殺禾稼十月望大

風雷雨月晦復作

十年丙午春水氷牛羊凍死

十一年丁未冬十一月晦東門樓及民廬災

至大二年己酉蝗

三年庚戌五月大水

仁宗延祐三年丙辰夏大旱

五年戊午夏大水

七年庚申夏大旱民癘多死傷

泰定帝二年乙丑冬嚴寒林木枯行人凍死

天歷元年戊辰夏大水

文宗至順二年庚午夏旱秋蝗大饑

三年辛未春夏大饑疫作死亾相繼至冬乃止

順帝元統元年癸酉春橫直二街及東隅五顯廟災夏

秋大旱

至元二年丙子夏有兵火官民廬舍燬十之九

至正十二年壬辰春有兵火民居盡燬井邑邱墟

明

洪武十七年甲子夏大水

十九年丙寅八月災自北隅延南隅及稅課局

二十三年庚午夏大旱

二十七年甲戌夏大水

建文二年庚辰火由洗馬巷口延美俗坊燬民舍千餘間

永樂元年癸未明倫堂西桂樹高挺二枝先秋一月花放

二年甲申大水

七年己丑閏四月甲子大雨水早入城晡落民不防及夜雷雨驟作水疾起直昏黑居人皇忽無所之皆登屋夜半盈城人隨屋漂譙樓前水高丈餘質明方落溺死男女六十餘人漂官民房屋三百五十餘間卷籍學糧

俱淪没

八年庚寅多虎近城郭啖人知縣路達禱於神設阱二百一十有四所不踰時獲虎豹四十有六患遂絶

蔣俊捕虎記畧

祁門僻在萬山間豺虎之患自昔爲然善爲治者思去其害坐視其毒而諉之於天豈爲民父母之道哉路侯來宰是邑召耆艾於庭而諭之曰古人有言凡爲民害者皆可殺虎之縱横村落而喋血生靈耕牧樵採不得其寧吾與若等忍坐視而不恤耶且虎之喋血不仁爲有慾也有慾則可得而殺矣若等其聽吾言咸曰惟君侯之命侯乃令十家爲率百家爲伍編木柵爲穽置畜物爲餌又募善射者操强弩毒矢從事於山谷林壑間且嚴其約束而示以賞罰地近則一日一報遠則五日一報又遠則十日一報于是不終朝而獲虎以二計不踰旬而獲虎以六七計又不踰月而獲虎以十數計自是邑無虎患居者安其室行者樂其途閭閻相慶曰今

日之晨出夜歸得以無虞者吾邑大夫路侯之力也方之周處殺南山一虎其功不旣多乎其覩劉宏農宰九江而虎之東渡江北渡河者不得專美於其前矣余目擊其事縉紳文雅又得播諸聲詩歌詠其美而請余序其首余觀侯之爲人深沉宏毅故措諸事爲而民懷其惠如此然去此山林喋血之虎侯盡其心矣而去彼狐之假其威者有其亦侯之責也乎其亦侯之責也乎永樂八年秋九月中澣豫章蔣俊序

洪熙元年乙巳五月大水抵縣儀門

宣德七年壬子大旱

正統三年戊午大旱饑

十一年丙寅大旱

景泰三年壬申八月大水損田十之七

四年癸酉明倫堂前古桂舊黄忽挺生二枝色變爲紅

七年丙子四月大水山崩石裂漂蕩民居溺死人畜復旱歲大饑

成化九年癸巳五月閶門石崩九月火起養濟院至一都止燒民居八百餘間及儒學徵輸庫

十九年癸卯五月大水至縣前

二十年甲辰雷擊石鐘裂

二十一年乙巳七月火燬民居六百及鐘樓察院儀門

二十三年丁未大水平政橋圮

宏治五年壬子四月火燒民居二百家

八年乙卯儒學災

正德九年甲戌城東汪銘壽登百歲邑令康給額

十一年丙子流賊臨城市民胡英黃欽等殺賊敗之七人俱被創死

十四年己卯大饑

嘉靖二十四年乙巳大饑

隆慶丁卯邑西鴻村麥穗兩歧

萬歷十年壬午雷震文廟比視之見有錫櫝厝骸於聖座下衆相咤異乃識震廟之由終不得發所從來遂析骸投諸水夏大水抵縣儀門浸城丈餘城壞數十丈漂没民居田塌不可勝數

十六年戊子饑

十七年己丑饑

二十年壬辰九月火燬秀墩街民居二十家

二十八年庚子多虎知縣余士奇禱於城隍患遂止

知縣余士奇祭城隍驅虎文畧

民惟神是主神惟民是依是以報功酬德載在祀典士奇來宰一方與神共事一年於茲矣自惟奉職無狀山靈不弔縱茲孽畜爲百姓憂無所逃罪唯官之不德官則有罰民實何辜未有大患而有深害愚負溼威肆其荼毒山川土地若罔聞知咎將誰執是用不避干瀆披心陳詞乞靈於神勅茲羣祀其若佽我百姓而投之以賜畀類毋乃大棄社稷何邑之爲其哀憐赤子鑒我微衷而悔禍于茲邦取其殘而磔之或遠驅之廣莫之野盡疆而處亦惟神大振赫靈照臨下土俾士奇得藉手以復于我百姓是神眞有造於社稷而大庇民也

再祭城隍文畧

神功莫測國典有常虎異獸也百姓生靈也豈其繇彼異類虐我生民而棄天地之性哉神必不然其或以官有闕德政有失節民有放僻神心仁愛遣茲孽獸以示警歟抑毋乃孽獸不仁公然逸柙憑恃爪牙戕害六畜憂疑父老震驚行旅而山靈或不知歟士奇求之不得其故用茲靡寧口與心謀重加修省遍示邑民齊心禱告請於羣神為民祈命雖一念微忱敢云昭假而遂靈社稷敬藉神庥驅逐孽獸渡河踰嶺罔有遺類予小子豈敢忘報

謝城隍文畧

不佞以己亥歲濫竽茲土自惟不德大懼溺職有辜任使惟是境內神祇是依是賴冀以牖不敏而匡不逮比者猛獸肆行奔告城隍徧禱山嶽無踰時而患息道路無梗于是率父老子弟詣神陳謝曰不佞無亦以為百姓之故朝夕惶惶無所控訴山川鬼神實式憑之以相與也其尚毋忘所自永賴神庥爰鑄諸石以昭元功

而志歲月云爾

萬歷庚子仲夏

邑人謝存仁褒虎頌

古有災害菲事類禋乃應乃否匪神之靈子亦有言祭則受福南海修鱷韓公所逐誠精乃凝金石爲貫神貴伺人人唯人所向祁闕萬山林莽焉馮歲時不咸李珥嗟人侯心孔憂禱於神明曾幾何時司原告寧遣孽就殲昭假冥冥雜侯政簡刑獄以平出視郊外鋤其强梗肅靜門庭爪牙息寢不憂物害以德勝妖生草不履麟趾在郊捍禦災患惟神之孚依神庇民惟德之符侯言具在刻石與盟昭示來者永綏祁民

四十三年乙卯五月大水城內高丈餘市上乘船往來竟日方落死者甚衆

崇正十四年辛巳浮盜阻河舟楫不通糧食騰貴斗米銀三錢人掘土以食俗名觀音土食後多有死者

國朝

順治三年丙戌浮寇大發阻祁水道斗米價值一金强有力者從歙黟石埭負販至祁窮民多餓死

五年戊子三月十六日江西叛逆金聲桓遣僞將潘永禧攻陷祁門殺死居民數百焚民房數百間

十六年已亥七月十六日叛弁李芝先調防海聞海寇猖獗忽回兵攻祁半日破之焚燒城內居民房屋八百餘間并燬正街榜眼余孟麟坊及大東門城樓是日戌時地震聲如轟雷

康熙三年甲辰四月朔夕大風雨明倫堂古桂忽拔而

仆諸地樹高百尺去廟址僅二丈許於廟瓦無分毫損屈曲紆迴如遜避狀若有物相之者然

十二年癸丑春三月有物狀如飛魚長數尺離地不及十丈首尾燜爍自浮北飛過祁南至邑城徑往東北而去是年月色常紅如火每夜有羣烏數千鶩噪不已

十三年甲寅秋八月耿逆僞弁張名揚張日曜率浮梁賊陳頁佐攻祁門防弁趙宗鼎內應城遂陷殺兵民無數盤踞月餘係累老幼穴地搜山求金寶祁門罹兵燹之慘自古無比 大兵至賊宵遁終夜有聲

三十四年乙亥冬十二月大雨四旬不止

三十五年丙子夏五月大水漂没廬舍墳墓

四十七年戊子夏大水

六十年辛丑夏大旱

雍正八年庚戌秋有年

乾隆元年丙辰夏大雨水

七年壬戌夏旱傷禾稼

八年癸亥大旱

二十一年丙子秋地震屋宇皆動

三十二年丁亥地生毛色分黑白

三十四年己丑學宫内泮池内產瑞蓮一枝駢生共蒂

合踯分房

邑人吳書升宮池產瑞蓮詩

太液波中植移栽　孔廟前半渠滋密葉一柄挺雙蓮萼發珠深淺荷承異正偏紅衣交有艷綠幹淨何堅的蝶朝曦燦縹緗午影鮮金房包个个珠實穀圓圓沼碧漪文聚風清翠蓋妍亭亭君子似灼灼水仙傳況是橋門裏而非佛座邊鷺鷥饒對偶禮樂屬三千濟楚簪裾集芬芳綺絲懸重光初日照太乙德星聯兼在賁培育茹征起俊賢每占時雨澤常見喬雲連蕊榜舊如此駢花今亦然文明欣啟瑞登進近堯天

四十六年辛丑旱

四十九年甲辰冬十二月初八日火燒十字街鋪舍六十餘間傷人

五十一年丙午六月二十一日大水深丈餘平政橋冲

斷兩硐城垜圮塌計二十餘丈城廂屋宇損壞甚多

五十三年戊申五月大水初六日夜間烈風雷雨大作初七日清晨雨止東北諸鄉蛟水齊發城中洪水陡起長三丈餘縣署前水深二丈五尺餘學宮水深二丈八尺餘冲圮譙樓倉廒民田廬舍雉堞數處鄉間梁壩皆壞溺死者六千餘人署知縣陳邦泰通詳撫司臨勘發賑奏請緩徵修城祁邑屢遭大水是歲尤劇先是有人舁物過祁狀如犢背生三足有二尾其色黑觀者咤之識者預慮其有水患

吳雲山同合邑祭被難士民文

嗚呼變有不測事有非常理既難論命亦難詳林林戶口遭此淪亾覩茲異變意慘心傷郝雖居山向嘗被水柳嶺大洪城受其委歷考往代縣志所紀下民昏墊皆莫若此昔宋淳熙歲亦戊申臨河百室漂溺多人元代至元水高城闉壞人溺與宋同屯及明永樂七年之夏大水夜發流屍四野萬歷乙卯城內丈餘乘船市上人死溝渠多者百餘少或數十男女被殃居民夜泣從未有茲半傾城邑數千餘人拯爲何及嗚呼哀哉誰無父母人生實難娶妻育子舉家忻歡全罹於難天何犯干誰無行業成立辛苦食餼遊庠謀生習賈同歸於盡天何偉怒謂天不知水肆所爲蛟蜃蚕孽敢暴如斯謂天不聞近火者焚乃俱漂沒死生又分賞善罰惡惟天之道云胡善良命焉不保好生惡殺惟天之心夫何孩稚洪波共沉亦有在鄉來遭是厄永棄妻兒難招魂魄至此異方托廛爲客死既無歸家鄉永隔俱堪悼痛共足悲傷風寒月冷鵑泣烏啼天既茫茫理豈能齊刼數所値于何從稽誼或親姻情屬友朋死生頓隔禍福無憑昔廬昔舍爲谷爲陵號長聲斷淚落血凝布此薄筵酎以清醑聊慰幽魂罪咎無所解釋

煩冤九天超舉無爲厲災聽我告語

陽湖孫讓伐蛟說

祁門高山複嶺每多蛟害乾隆五十三年爲害尤烈今詳述伐蛟之法用以先事預防按蛇與雉交生卵遇雷入地數丈自能轉動久吮地泉遂成爲蛟狀似蛇四足細頸有白嬰大者數圍蛟所生地冬雪不存夏苗不長鳥雀不集其土色紅其氣朝黃暮黑星夜有光上冲遇雷雨則漸起其色與氣亦漸顯而明其未出土時遠聞如秋蟬悶在人手鳴聲此時能動不能上騰乘其未出掘而煮食之味甚美或先用不潔之物鎮之或用鐵與犬羊血埋之或夏月田間作金鼓聲禁之或用荆樹汁灌之皆可以默消其災於無形豫弭其禍於將作以上徵驗之法宜家喻戶曉父諭其子兄告其弟經行幽巖奥壑隨時加察隨地尋驗如遇深冬雪所不存春夏草木不生平時鳥雀不集及氣色異於常地者卽照法椎劚此乃閤邑室家邱墓存亾所係爲人卽所以爲已之急務也道光五年四月望日

嘉慶元年丙辰春霜雪寒凍麥枯

四年己未近郭有虎患

五年庚申九月蝗至邑西若坑十八都十九都二十都皆有之知縣華申伯祭劉猛將軍廟蝗被鳥啄遂息

知縣華申伯祭劉猛將軍文畧

國以民為重民以食為天迎猫虎勤保護之功畀炎火盡燒除之法祁門小邑僻處一隅土瘠而民實勞山童而田多石禾稼方納於場閫蝥賊忽入乎邊疆某日省諸心時思其敬豈憑權藉勢敢行貪冒之風抑聽訟察情尚少仁慈之政或催科之增其虐或興作之不以時或未防胥役之侵漁或偏有刑法之濫及一身有罪百姓無關不妨降禍於我躬何必移災於民食恭惟尊神載在祀典保此農功比八蜡之神同大田之祖不忒有司之祭固宜轉其德而助其威既食此土之毛更當禦其災而捍其患伏願靈祇赫濯神覗彌覃一種不遺四陬皆靖特申祈禱仰冀雄威勿處冥漠以無聞敢竭精誠而來格謹告

十一年丙寅有虎患

十四年巳巳立夏後一日大寒雨雪夏大水冬十月火燬仁濟橋東鋪舍二十餘家

十八年癸酉十九都水

十九年甲戌十一月火燬十字街鋪舍四十餘家

二十一年丙子八月火燬三里岡鋪舍二十餘家

二十二年丁丑莊坑章峙迅妻汪氏年登百歲邑令張詳請題　旌

道光四年甲申夏麥枯貧民掘觀音土以食秋有年

六年石門太學生廖兆瓏五世同堂詳請　旌表

以上見道光志

萬歷三十六年二月有虎入城三日居民盡閉戶不敢出至四日始聚衆殺死補遺見寄圜寄所寄

耆民汪文希彭壠人年登百歲越二年無疾而終縣令額以純嘏天錫國初補遺

道光十一年辛卯六月大水舟行市上仁濟橋倒壞溺死多人

十二年壬辰忠莊附貢生許士瑤年九十六歲五代同堂邑令閻詳請旌表　是歲大饑民食觀音土多有死者

十五年乙未大旱自夏至秋不雨蝗入十九都二十二都歲饑

二十一年辛丑城西石墅恩貢生饒賢良重遊泮水督學車贈以齒德兼優額　冬大雪月餘不止竹木多凍死

二十二年壬寅城西監生方勝禮妻王氏年八十二歲五代同堂卒年九十一歲未請　旌表

三十年庚戌孛見於南方廣西匪熾

咸豐元年辛亥春行秋令菊圃含英　夏雨雹

二年壬子正月大雪二尺結冰架三月天雨豆牝雞司晨

季秋祁山麂夜號城壕鬼哭聲徧四野桃李花

三年癸丑天雨豆黃青不一色

四年甲寅兵 事載記兵

五年乙卯兵 夏陰雨蛟水陡發西鄉二十一都二十二都蕩民居壞田畝

六年丙辰兵 六七月大旱歲饑

七年丁巳兵 忠莊例貢生許廷棟士瑤子年九十三歲五代同堂邑侯林詳請時省垣淪陷久 上憲俱在大營軍務旁午事未達 部

八年戊午兵 八月孛見於西方光芒二丈酉出戌没

九年己未兵　渚口附生倪樹仁重遊泮水督學邵贈以重遊泮水額

十年庚申兵

十一年辛酉兵　十二月大雪計深四尺鳥獸凍死無算花菓竹木多枯

同治元年壬戌兵　西鄉蛟山崩橋圯砂積田廬十一月十字街火西碉燬

二年癸亥兵　六七月間久旱不雨歲饑居民多有菜色

三年甲子兵　春近郭有虎皖南道張巹知縣劉禱城

隍廟次日獵戶擒虎獻患漸寢

四年乙丑春正月十三夜風雨雷電大作碉樓封存火藥雷火轟發磚石飛揚近碉房宇多損城廂內外門窗一時震開居民驚駭

五年丙寅坑口附生陳書重遊泮水督學朱贈以泮水重遊額 夏四月石隕於小南門外是日午時石將落天晦黑大風有聲自西北來霹靂如連珠礮居民震恐頃刻天日復明

六年丁卯二月二十七夜秀墩街鋪舍火

七年戊辰五月二十二日蛟洪陡發水由城上撲入城

內水深丈餘試院東文場牆宇俱漂沒城鄉毀屋壞橋
瀕八畜壞田畝不可計數東南兩鄉較乾隆戊申尤慘
八月初八中阜街舖舍火
十年辛未三月二十二日午後風雨雷電交作有龍自
西北角過縣東南鄉所過處拔木壞屋居民多有傷者
十一年壬申黃龍口郡武生汪定邦重遊泮水督學景
贈以秀啟宮芹額

(清)吳甸華修 (清)程汝翼、俞正燮纂 (清)呂子珏修 (清)詹錫齡纂

【嘉慶】黟縣志

【道光】黟縣續志

清道光五年(1825)刻本

沿革紀事表

世　總隸　郡　縣

周

揚州 初爲九畿成王時亦曰九州

自帝嚳初置九州迄周歙之地皆屬揚州春秋屬吳吳亡屬越戰國時屬楚

春秋左氏傳哀公十五年夏楚子西子期伐吳及桐汭杜註宣城廣德縣西南有桐水出白石山西北入丹陽湖　羅鄂州新安志序云桐汭之地爲黟故境則楚子西子期之所爭邱明之所記也晉太康元年割故廣德王國爲廣德縣隸宣城郡故杜氏云爾

秦 始皇二十六年庚辰

秦罷侯置守分天下爲三十六郡劉敞曰秦分三十六郡無鄣郡鄣郡之置又不知何帝按史記索隱及括地

鄣郡 史記索隱二十五年定荆南地爲鄣郡治在今浙江湖州府長興縣地領縣五　故鄣　歙　黟　秣陵　溧陽　明嘉靖府志云新安志及

黟 漢書地理志顏師古註曰黟音伊字本作黝其音同元和郡縣志曰說文黝字從黑旁多後傳誤遂寫黟字　越絶書烏程餘杭黝歙無湖石城縣以南

志諸書皆有之　文獻通考古揚州秦郡五鄣郡其一今宣城新安新定丹陽郡之西境吳興郡之西境皆是

一統志止載故鄣歙黟秣陵溧陽五縣爲秦鄣郡屬邑疑兩漢十二城皆此析邑則當時五縣封域亦云廣矣故廣德在秦屬黟無疑　按始皇二十六年始定郡縣今史記註止有三十六郡名所領縣數及縣名未詳茲據明嘉靖府志云云考新安志亦止云秦并天下置黟歙二縣屬鄣郡並未言鄣郡五縣也今國朝道府志因之姑載之以俟考大抵鄣郡今江寧太平寧國徽州諸府及廣德州又浙江之湖州嚴州皆是其地郡治鄣今湖州府長興縣西南有故鄣城

皆故大越徙民也秦始皇刻石徙之按黟之名始見於此　太平寰宇記黟本秦舊縣置在黟川故名之　江南通志黟縣之名有二劉煦曰黟音同瑿縣南石墨嶺出石墨故也新安圖經云歲貢柹心黑木故以名縣二說皆穿鑿字義似乎近纖考新安志黃山舊名黟山秦置黟縣取義於此南畿志從之其說爲正　新安志云按酈道元注水經云浙江又北歷黟山縣居山之陽故縣氏之然則黟縣本以黟山得名未聞前世謂之黃山也至天寶中好道家之說故以黃帝爲嘗遊於此因名之耳

漢 武帝元封二年壬申

揚州 漢興以來郡國稍復增置

武帝分天下為十三州亦曰十三部而刺史未有所治揚州刺史部丹陽郡即秦鄣郡也

宋書漢制刺史班行六條詔書令歲終則乘傳詣京師奏事前漢世刺史乘傳周行郡國無適所治後漢世所治始有定處止八月行部不復奏事京師

丹陽郡 改鄣郡曰丹陽郡治在宛陵而黟使都尉分治于歙宛陵縣即今宣城統縣十七

宛陵　於潛　江乘　春穀　秣陵　故鄣　句容　涇　丹陽　石城　胡孰　陵陽　蕪湖　黟　溧陽　歙　宣城

越絕書漢孝武元封二年故鄣以為丹陽郡　晉書丹楊郡丹楊縣註云丹楊山多赤柳在西也按此則陽之從木審矣惟唐以來潤州之丹陽乃作陽茲兩漢書字並從陽今仍之

自晉以下罷都尉治

婺源縣志按秦漢時黟縣之未析也兼有休寧婺源祁門石埭地休之東得歙

黟 第十四縣

明嘉靖府志云今祁門廣德石隷皆黟析地　新安志云漢志漸江水出黟縣東南入海今續屬婺源而溪屬休寧古皆屬黟

山海經廬江出三天子都入江彭蠡西一曰天子鄣又浙江出三天子都在其東郭璞注浙江出新安黟縣南蠻中東入海今錢塘浙江是也漢書地理志丹陽郡黟縣下注云漸江水出南蠻夷中東入海水經注亦云漸水出黟南蠻山中今考太平寰宇記引山海經作在率東引漢書地理志作出黟南率山羅鄂州歙浦志直云率山皆本唐盧潘之辨也是率山即

而西南是黟地後分西南地置婺源卽昔之黟地三都山在其中故釋山海經水經者皆謂三都山在黟縣漢志謂漸水出黟縣南可證也若歙則去之遠矣歙人吳度作三都考謂休寧祁門婺源皆從黟析此爲確舊府志于丹陽郡歙縣註云滔安遂安休寧績溪婺源皆其地析恐考之未詳

三天子都今名張公山山之西有浙嶺其山山陰山陽一東一西証以廬江浙江之水曉然無疑矣漢時新安止黟歙二縣三天子都實在黟之南爾

成帝鴻嘉二年壬寅

六月以黝爲廣德國立中山憲王弟孫雲客爲廣德王三年薨無子國除　按漢書成帝紀載雲客是憲王孫今從新安志辨正云紀脫一弟字

平帝元始二年壬戌

夏四月復以廣德故國立廣川惠王曾孫倫爲王傳

子赤王莽篡位以赤爲公明年廢改黝曰愬虜新安志云惟漢廣德兩王實建國於此餘或采美名以爲號不皆之國

後漢 光武帝建武

揚州 揚州刺史部前漢未有所治後漢治歷陽

丹陽郡 治仍宛陵統縣十六宛陵 溧陽 丹陽 故鄣 於潛 涇 歙 黝 陵陽 蕪湖中江在西 秣陵南有牛渚 湖熟侯國 句容 江乘 春穀 石城

黝 第八縣 後漢書郡國志註云魏氏春秋有林歷山

獻帝建安十三年戊子

新都郡 孫權遣其中郎將賀齊討黝歙山賊時武疆葉鄉東陽豐浦四鄉先降齊請以葉鄉爲始新縣而歙賊金奇萬戶屯安勒山毛甘萬戶屯

黟 第五縣 三國志林歷山四面壁立高數十丈徑路危狹不容刀楯賊臨高下石不可得攻軍住經日將吏患之齊身出周行觀視形便陰

烏聊山黟賊帥陳僕祖山等二萬戶屯林歷山大破僕等其餘皆降齊復表分歙爲新定黎陽休陽幷黟歙凡五縣權遂割爲新都郡齊爲太守立府於始新今浙江嚴州府淳安縣是也領縣六 始新 新定 黎陽 休陽 黟 歙

募輕捷士爲作鐵戈密於隱險賊所不備處以戈拓塹爲緣道夜令潛上乃多縣布以援下人得上百數人四面流布俱鳴鼓角齊勒兵待之賊夜聞鼓聲四合謂大軍悉已得上驚懼惑亂不知所爲守路備險者皆走還依衆大軍因是得上大破僕等其餘皆降凡斬首七千 又賀齊討黟賊蔣欽督萬兵與齊幷力黟賊平定

按三國志註載抱朴子但言山賊不指言陳僕祖山也太平寰宇記語多混淆孫志辨正甚明晰

吳景帝永安元年戊寅

吳改休陽爲海陽

晉 武帝太康元年庚子

揚州 統郡十八魏晉治歷陽晉平吳治建業

新安郡 晉平吳改新都郡爲新安郡改新定縣曰遂安海陽曰海寧治仍始新領縣六 始新 遂安 黟 歙 海寧 黎陽

按新安之名取黟縣境內之新安山唐割屬祁門縣或云新去故也安不危也

黟 第三縣 新安志云以黟之廣德故國爲廣德縣隸宣城郡何承天宋志稱廣德漢舊縣沈約以爲二漢志並無之是吳所立按吳志呂蒙領廣德長吳錄張純補廣德令則廣德在吳爲縣矣然不知所屬至晉書乃顯隸宣城云

南朝宋 文帝元嘉三十年癸巳

會州 分揚州浙東稽東陽新安永嘉臨海五郡爲會州轄會

孝武帝孝建元年甲午

東揚州 改會州爲東揚州

新安郡

黟

大明三年己亥

揚州 復并東揚州于揚州以其

大明中黟歙二縣有亡命數千人攻破縣邑殺害官

年	州	郡	縣
	地爲王畿		長殿中侍御史吳喜將數十人至二縣說誘賊賊則歸降
八年甲辰	東揚州 改揚州爲東揚州 宋書八年罷王畿復立揚州揚州還爲東揚州	新安郡 省黎陽入海寧 領縣五 始新 遂安 歙 海寧 黟	黟 第五縣 宋書州郡志黟令漢舊縣
前廢帝永光元年乙巳	揚州 省東揚州幷揚州		
明帝泰始二年丙午			正月太守陽伯子及軍主任獻子襲黟與孔覬鄧琬等附晉安王反叛縣令吳茹公固守力不敵棄城走伯子等屯據黟城茹公與臺軍主李靈賜蕭伯壽等攻圍彌時八月乃克斬伯子獻子首

紀年	州	郡	縣	紀事
			按吳喜事見本傳吳郊公事附見孔覬傳俱載宋書孫志云宋書不載第依府志書之誤矣	
齊高帝建元元年己未	揚州 宋書順帝昇明三年改揚州刺史曰牧按是年四月蕭道成篡位改元或即齊之所改也	新安郡 領縣五 始新 遂安 黟 歙 海寧	黟 第二縣	
梁武帝普通三年壬寅	揚州	新安郡 割吳郡之壽昌來屬領縣六 始新 遂安 壽昌 黟 歙 海寧	黟 第四縣	
五年甲辰	東揚州 復置梁書分揚州江州置東揚州			
中大通元年己酉				邑人太常卿胡明星募工穿渠導城北溪水溉黃姑

墾民田千頃渠名曰槐溝

大同元年乙卯

新安郡 析歙置巨安縣 領縣七 始新 遂安 海寧 黟 歙 壽昌 巨安

按舊志云巨安廢於唐武德中梁書無地理可考新安志亦云巨安未詳所屬今姑從舊志載之

黟 第四縣

十年甲子

縣亂

簡文帝太寶元年庚午

侯景軍陷郡太守蕭隱奔黟

侯景遣將元義陷新安郡新安太守湘西鄉侯蕭隱奔黟先是郡人程靈洗據黟歙以拒景及景軍據歙蕭隱奔依靈洗于黟靈洗奉之爲主盟焉 南史程靈洗傳侯景之亂據黟歙聚徒以拒景景軍據有新

安新安太守湘西鄉侯蕭隱奔依靈洗靈洗奉以主盟梁元帝授靈洗譙州刺史資領新安太守封巴邱縣侯

元帝承聖元年壬申

都督新安郡諸軍事雲麾將軍資領新安太守程靈洗保黟歙　侯景偏帥呂子榮攻黟歙三月敗走

二年癸酉

揚州復併

新寧郡分海寧黟歙三縣更置黎陽縣立新寧郡與新安並正屬揚州領縣四　黎陽　海寧　黟　歙

黟第三縣

陳文帝天嘉二年辛巳

郡人程文季除直閤將軍新安太守隨侯安都東討留異留異黨向文政據有新安文季率精甲三百徑

往攻之文政遣其兄子瓚來拒文季大破之文政乃降

三年壬午

東揚州 復置

新安郡 省新寧郡復爲新安又省黎陽縣入海寧新安郡復屬東揚州領縣六 始新 遂安 歙 海寧 黟 壽昌

黟 第五縣

新安志梁元帝承聖中分海寧黟歙三縣更置黎陽茲黎陽併入海寧則今休寧之西張公山山海經所稱三天子都舊屬黟明矣故漢志云浙水出黟南也

新安志祥符經云天嘉三年省新寧郡按陳書天嘉四年以新安新寧八郡置東揚州則三年初未嘗省要是陳省之耳舊志本祥符經今仍之

隋文帝開皇

九年

平陳罷天下郡以州統縣省黟歙併入海寧改始新縣曰新安縣又併遂安及梁所割吳郡壽昌來屬者

按隋書地理志則平陳後已廢黟歙二縣併入海寧且遂安壽昌亦皆併入新安縣以隸婺州不應遽改

皆入新安縣以隸婺州

隋書地理志歙平陳廢十一年復黟平隋廢十一年復　唐仲實蘭將軍廟碑云隋開皇九年併黟歙入海寧以隸婺州遂廢歙置新安鎮

新安郡爲歙州止統屬海寧一縣也隋書及新安志就一朝之興廢合并書之致滋後人之疑而明嘉靖府志云郡治在黟趙府志云郡治在海寧者皆不得其實矣

十年庚戌

揚州總管郭衍討黟歙諸洞賊盡平之

十一年辛亥

黟　復置隸宣州

十二年壬子

歙州　復縣黟歙隸歙州州治徙於黟領縣三

黟　歙　海寧　歙以南有歙浦故名或云歙翕也謂山川所翕聚也

黟歙賊帥沈雪沈能據栅自固行軍總管楊素攻拔之

黟　州治

舊志皆云十一年徙州治于黟而元和郡縣志云十一年黟復置隸宣州十二年改隸歙州則徙州治于黟當在十二年也

泉州刺史來護兒從黃山公李寬破婺賊汪文進於黟歙

十八年戊子

改海寧爲休寧 元和郡縣志開皇九年改爲休寧縣

煬帝大業三年丁卯

新安郡 復以歙州爲新安郡徙郡治於黟 第三縣

休寧領縣三 休寧 歙 黟

十二年丙子

郡亂歙人汪華保據州鄉行太守事并宣杭睦婺饒自稱吳王遷郡治於休寧之萬歲山

讀史方輿紀要大業末汪華據有黟歙等州稱吳王黟今徽州黟縣是時增置黟州於此

恭帝義寧元年丁丑

汪華遷郡治于歙之烏聊山爲今治始此

唐高祖武德元年戊寅

例改郡爲州太守爲刺史

四年辛巳

歙州 汪華籍民兵納款于唐唐置歙州以華為總管封越國公 按新安志舊府志及胡司業汪公行狀俱云武德四年歸款趙府志沿革表獨云武德元年悞也

黟 上縣

太宗貞觀元年丁亥

江南西道 罷都督府分天下為十道歙州屬江南西道採訪使治洪州

高宗永徽五年甲寅

四年十月睦州女子陳碩真反婺州刺史崔義玄討之十一月陳碩真伏誅時歙人蔣寶舉兵應陳碩真五年事平遂析歙置北野縣于五台山歙州領縣

黟 第三縣

四歙 休寧 黟 北野後改績溪

嗣聖元年 甲申

簷事府司直杜求仁貶黟令

元宗開元二十一年 癸酉

江南東道

明皇增歸舊章分天下爲十五道歙州屬江南東道採訪使治蘇州

二十四年劇盜洪貞謀叛以休寧向玉鄉之雞籠山爲巢穴越三年討平之遂析休寧之回玉鄉幷鄱陽之懷金鄉置婺源縣

婺源縣志按秦漢時黟縣之赤析也兼有休寧婺源祁門石埭地休之東得歙而西南是黟地後分西南地置婺源卽昔之黟地三都山在其中故釋山海經註水經者皆謂三都山在黟縣漢志謂漸水出黟縣南可證也若歙則去之遠矣歙人吳度作三都考謂

二十八年 庚辰

			休寧婺源祁門皆從黟析此爲確論府志於丹陽郡歙縣註云湻安遂安休寧績溪婺源皆其地析恐考之未詳 按婺源縣志此條最爲明確
天寶元年壬午		新安郡 改歙州爲新安郡	
三載甲申正月改年曰載			
六載丁亥		改黟山爲黃山	
肅宗乾元元年戊戌二月復以載爲年	宣歙饒道 建宣歙饒觀察使治宣州	歙州 正月復改新安郡爲歙州	
二年己亥	江東道 廢宣歙饒觀察使置江東團練守捉及本道營田使		

	上元元年庚子	代宗永泰元年乙巳	永泰二年丙午十一月改元大歷元年
更領丹陽軍治蘇州復領宣歙饒三州	浙西道 浙西道觀察使徙治宣州領宣歙二州		宣歙池道 浙江西道觀察使罷領宣歙二州復
		正月歙州人殺其刺史龐籍 蘇州豪士人方清因歲凶爲盜依黟歙間東南厭苦	左武威中郎將柏良器以部兵隸浙西擊平袁晁方清時黟赤山鎮人吳仁歡率邑眾數千助討平之因
		祁門縣志唐永泰元年盜方清攻破石埭據黟赤山鎮僞置縣曰閶門扼控歙州鎮人吳仁歡率眾破之明年賊平因其壘改祁門縣以仁歡爲令 建薛公祠于縣衙東廡	黟 第三縣 孫志云唐地理志石埭永泰二年析青陽秋浦[illegible]與黟無涉此據新唐書之

	淮南節度使崔鉉兼宣歙池觀察處置使以討之十月康全泰伏誅	
僖宗乾符四年丁酉	黃巢自二年作亂時天下寇盜蜂起	郡人鄭傳等集兵保鄉里禦黃巢兵
五年戊戌	黃巢兵寇宣歙宣歙觀察使遣兵拒之於南陵	端午日黃巢別部入黃墩逃難者解散賊眾遂營本宅攻刼川谷蕩滌殆盡
六年己亥	十二月黃巢陷郡宣歙池四州	黃巢陷歙州縣都將吳九郎死之
中和元年辛丑		羣盜入州
二年壬寅	十一月和州刺史秦彥逐宣歙觀察使竇潏自代之	
三年癸卯		州繕羅城

光啟元年乙巳

州廣西北城　盜入休寧由黎陽攻東密巖不克入祁門

昭宗龍紀元年己酉

六月楊行密陷宣州宣歙觀察使趙鍠死之行密自稱觀察使

景福元年壬子

升宣歙團練使爲寧國軍節度使

十二月汪淑將兵先入黟後至祁門詐稱奉上命權轄兩縣事鄭傳遣先鋒延壽帶精卒一千人禦淑淑軍敗走

二年癸丑

八月楊行密陷歙州　行密遣田頵以二萬人攻歙州刺史裴樞有美政民愛之爲樞戰頵兵數卻樞請避京師行密以會稽代樞州人不肯下請陶雅代且

		以禮歸柜于朝是後歙州屬淮南　田頵既破歙州雅自池州團練使來爲歙州刺史
天復三年癸亥	廢寧國軍節度使復爲都團練觀察使	
宣帝天祐三年丙寅	正月淮南將王茂章以宣歙二州叛附于錢鏐吳楊行密卒子渥爲淮南節度使	
四年丁卯	朱全忠篡位唐亡淮南節度使仍稱天祐年號	歙州附淮南
己卯	吳　淮南留後楊隆演建國改元武	

	丁酉	宋 太祖開寶四年辛未	八年乙亥	太宗太平興國元年丙子
義	南唐 吳禪位于徐知誥國號唐改元昇元旋復姓李更名昇	江南 南唐後主九年貶國號曰江南	十一月江南平凡得州十九軍三縣一百八十戸六十五萬六千六十	江南道東路 初分江南東西路尋并爲一
	歙州屬南唐		歙州 唐曰歙州宋因之爲望郡郡治在歙領縣六 歙 休寧 祁門 婺源 績溪 黟	以文臣知州事 時王師收金陵諸城皆下宣州節度使盧絳無所歸欲據福建以叛領所部過歙州刺史龔慎儀閉門不納絳怒使馬雄攻之城陷爲絳所
			黟 緊	以京朝幕官知縣事 初置縣鄉里

		歙	
淳化四年癸巳	法唐制分天下爲十道		
至道三年丁酉	江南路 分天下爲十五路或云十五道		
仁宗天聖八年庚午	改十五路爲十八路自是分合不一		
慶歷四年甲申	詔天下郡縣建學更定科舉法		
英宗治平四年丁未		詔歙州知州其選並從中書毋以恩例奏授	
神宗熙寧四年辛亥	罷詩賦明經諸科以經義論策試進士	胡瑗來判州事	
元豐六年癸亥	定天下爲二十三路		

徽宗宣和
二年庚子

十月建德軍清溪妖賊方臘反命常德軍節度使譚稹討之

十二月方臘陷歙州守將郭師中戰死 通判曹央死之

亂及縣縣尉洪造死之

三年辛丑

四月忠州防禦使辛興宗擒方臘於清溪詔二浙江東被賊州縣給復三年七月方臘伏誅

徽州 五月改歙州為徽州以績溪有大徽村徽嶺徽溪而名或曰徽美也為上州仍領縣六歙 休寧 祁門 婺源 績溪 黟

歙 第六縣

八月部使者還州城于溪北三里因民不便明年仍復故所又明年州城成

宏治府志州治儀門之外直南數百步為譙樓又郎大甎隱起為文以戒後之人其文曰後唐石埭洞賊破陷州城次年始平至大宋宣和庚子威平洞賊方臘竊發陷徽州燒刼淨盡

高宗建炎
元年丁未
二年戊申
以經義詩賦分試
貢士
四年庚戌
紹興元年
辛亥

蓋緣城壁不修至壬寅年
製甎繕完可保永固異時
徽有傾圮宜加補治直徽
猷閣領郡事盧宗原記
盜侵徽州

婺源朱氏井虹氣見朱子
生於閩尤溪
六月江東盜張琪犯徽州
守臣郭東棄城走琪入據
之七月裨將韓世清追襲
張琪復祁門縣琪犯饒州
呂頤浩遣閻皐擊敗之琪
走徽州八月韓世清及張
琪戰世清敗琪復入祁門
縣 蠲徽州被賊民家夏
稅十一月張琪伏誅

縣被盜焚毀 張琪兵突
縣賊退邑落死走者十三
四

四年甲寅

知縣沈紹修縣公署

十一年辛酉

江東路 南渡後輿地之登于職方者分路十六江東路統府一建康州六宣池徽饒信太平也軍二廣德南康

十七年丁卯

朱子通籍于建陽舉于鄉

夏四月己亥以御史中丞汪勃簽書樞院事

十八年戊辰

朱子成進士

五月徽州慶雲見

春正月己巳以汪勃兼權知政事　秋八月丙申汪勃罷

三十一年辛巳

分經義詩賦爲兩科

孝宗乾道八年壬辰

州守趙師夔集六縣各新沿城一門

淳熙二年乙未		三月歙羅願輯新安志成新安有志自此始	
五年戊戌			建戊己橋
八年辛丑		以徽饒二州民流者眾出南庫錢三十萬緡賑糶	
十五年戊申		五月祁門縣大水　是歲徽州水　以州民流者眾罷守臣官出庫錢命浙江提舉常平朱熹賑糶	
十六年己酉	改學宮知新堂爲明倫堂		知縣葉嵩縣尉鮑叔源重修儒學建明倫堂
光宗紹熙二年辛亥		夏四月辛丑徽州火二日乃滅	
寧宗慶元元年乙卯			主簿袁孚重建大成殿
六年庚申		徽州水　三月故秘閣修撰朱熹卒	
嘉定十三年庚辰		築長堤以護州城	

年份	事件	
理宗寶慶三年丁亥	贈朱熹太師追封信國公 追封程忠壯公爲廣烈侯賜廟額曰世忠	
紹定三年庚寅	改封朱熹徽國公	
四年辛卯	常山寇起遣兵禦之於南境	
端平元年甲午	州守劉炳請減耗錢	知縣舒泳之修學宮殿宇 重建三門 置文公祠于門內 籍絶戶田二十畝于學以養士 重建薛公祠於縣大門內
淳祐元年辛丑	詔朱熹從祀孔子廟庭	
六年丙午	知州事韓補建紫陽書院聘鄉先生爲山長事聞帝書額以賜	

恭宗德祐元年乙亥

二年丙子改元景炎元年　元世祖至元十三年

江淮盜入州

賜汪越國公廟額曰忠烈

春正月元丞相伯顏受詔下臨安時宋都統制李銓知州王積翁舉徽州以降　五月副統制李世達起兵拒元義士響應丞相分萬戶李𣏌魯敬西破昱嶺關以臨徽州世達敗走行在萬戶下令屠諸縣歙人邱龍友等率父老詣軍門懇請全活萬戶許之　十一月元參政阿剌罕董文炳將兵至處州秀王與睪逆戰于瑞安觀察使李世達死之按世達抗元卒死其職實爲宋之忠臣也

三月賊突入縣焚戮劫掠室廬煨燼　縣署燬于兵　縣丞李大川修之

景炎二年丁丑　元世祖

江東道 徽州路屬建康

徽州路 改州爲路徽州路爲上路更知

黟 下縣 更知縣爲縣尹設典史

至元十四年 道肅政廉訪司治建康 州為總管設同知治中罷通判領縣六 歙 休寧 婺源 祁門 黟 績溪 以達魯花赤監路置萬戶府及錄事司 凡縣亦以達魯花赤監之

元世祖至元二十一年 甲申 江浙行省 正月置治杭州徽州路屬之

二十三年 丙戌 江南行臺 設江南行臺御史徽州路屬之

二十八年 辛卯 三月徽州饑發粟賑之

二十九年 壬辰 詔江南州縣學田聽其自掌春秋釋奠外以廩師生及貧士 罷錄事司

紀年		路	縣
成宗元貞元年乙未		徽州路 領縣五州一 歙 休寧 祁門 黟 績溪 婺源州	黟 第四縣 縣尹劉德重建儒學兩廡
武宗至大二年己酉			總管李翼賢爲黟縣請折納夏稅綿棉邑人鮑元蒙有李總管德政碑
至大四年辛亥			縣尹皇甫流構儒學講堂門廡齋舍鑿池築垣山長李鳴鳳記
順帝至元元年乙亥		詔立徽國文公之廟 徽州饑發米賑貸之 改封汪越國公曰昭忠廣仁武烈靈顯王 程忠壯公汪越國公有保障鄉里之功朱文公則孔子之後集諸儒之大成者也且其後裔今多散居于黟故紀	
至正元年辛巳			

至正十二年壬辰

之特詳

十一年五月羅田徐壽輝兵起蘄黃號紅巾今年春侵掠江東浙右諸郡縣三月賊遣僞將項普略陷徽州路時羣盜十餘萬萃于徽州分寇諸路九月休寧縣達魯花赤八忒麻失里以省臣命引兵歸大軍戰州城外大破賊賊奔祁門十一月別帥以兵下祁門未定遽分兵還黟賊復奄至會湖口劇盜以其衆來助故禍愈烈分掠諸邑殺人滿山谷十二月行省大破賊於昌化復徽州

蘄黃兵陷縣焚燬縣署學宮及民居因卽濟畱倉署縣事

邑人汪致道捐家貲以保鄉里繼募義兵從官軍復郡邑主帥李克魯上其功署縣簿

十三年癸巳

正月十七日賊復大至官軍與戰于休寧縣藍渡殺

時平章移軍祁門黟人皆出迎得僧爲賊將者二人

紀年			
		僞相當賊來愈衆會行省命休寧縣達魯花赤八武麻失里及趙萬戶軍俱進次茲村烟村之地三十日會官兵定徽州三月行省平章三旦八命江浙都鎮撫哈密自嚴州移軍復徽州時盜據饒州立僞署如省府婣虐祁門境上徽州旋陷	斬之以杭州路西南隅錄事司達魯花赤亦思哈爲黟縣達魯花赤參軍巡檢周希濂爲縣尹平章偰從兀只刺爲主簿治其民轉粟餉軍
十四年甲午		三月休寧萬戶吳訥與浙東元帥李克魯會軍于昱嶺關遂復徽州路　設義兵萬戶府于休寧縣	邑人署本縣主簿汪致道率義兵會主帥李克魯軍復郡邑
十五年乙未	三月明太祖起兵自和州取太平路	蘄黃賊再陷徽州路　十二月知州事汪同與賊戰于橫槎巖坑	正月汪致道改塟倪道川先生於黟南坑余思鴟之原
十六年丙申	三月明兵取金陵稱吳國公	正月賊復據徽州歙人鄭璉與兄璿募義兵同官軍	太白渡巡檢鄭璉攻魚亭蕩江賊寨破之

克復進攻魚亭蕩江賊寨又進復祁門縣治守禦黟縣屢殺賊生擒僞百户牛子俊僞千户巴子成等元帥李誠上其功陞行軍都鎮撫　四月婺源知州汪同帥軍道馬金嶺追斬黃賊連破之遂復休寧五月復徽州陞府治中實授承直郎徽州路府判領兵復黟縣祁門牒萬户朱文選守祁門還渡五嶺復婺源還鎮休寧集義兵開府于臨溪

十七年丁酉

興安府　三月明遣將鄧愈胡大海取徽州路元帥福童阿思武棄城走汪同率所部納款是月改徽州路爲興安府以樞密院判官鄧愈鎮之領

明兵定徽邑人汪致道以所部義兵散歸田里而籍其名數於有司邑令賢之具書幣禮請仍牒委以縣簿率吏民往築郡城重建縣廳

縣五州一

十八年戊戌

十二月明太祖自寧國東駐蹕玉屏山

二十四年甲辰

江浙行省

徽州府 吳改興安府為徽州府領縣五州一

二十六年丙午

中書省 先是吳以徽州隸江浙至是改直隸中書省

水旱

明

太祖洪武元年戊申

定賦役法

九月下詔求賢

二年己酉

十月詔郡縣立學

蠲本年田租

徽州府 降婺源州為縣 領縣六 歙 休寧 婺源 祁門 黟 績溪

明史地理志徽州府元徽州路屬江浙行省太祖丁

黟 第五縣 明史地理志黟府西西南有林歷山又有武亭山橫江水出焉又東北有吉陽山吉陽水所出南有魚亭山魚亭水出焉俱流合

三年庚戌

五月開科取士詔學田所入皆入官而給師生廩祿免今年稅糧

酉年七月曰興安府吳元年曰徽州府

正祀典徽州府惟存汪越國公程忠壯公廟　趙府志在四年今據明史禮志改正

橫江

置邑厲壇

建學宮大成殿兩廡戟門櫺星門繚以門垣又建明倫堂東齋曰進德西齋曰修業制度具備

建城隍廟

四年辛亥

八月復開科鄉試

改社稷壇於縣治西北

六年癸丑

二月罷科舉舉賢良

八年乙卯

直隸　罷中書省天下爲十三布政司京畿府州直隸六部

祁門知縣何敏中上言本府不便事遣行人勞以尊酒即陞本府知府

知縣侯均祥重建縣署廳事戒石亭司房內外門典史廳縣獄

十年丁巳

遣御史巡行州縣籍田土

十三年庚申

二月詔舉聰明正直孝弟力田賢良

年	紀事	
	方正文學術數之士	
十四年辛酉	正月編賦役黃冊每里設長一人	
十五年壬戌	四月詔天下通祀孔子賜學糧增師生廩膳　五月遣使求經明行修之士　九月復設科取士　正經界	
十六年癸亥	十二月初命天下學校歲貢士于京師	
十七年甲子	三月頒行科舉成式三年一大比自是遂爲定例仍令科舉薦辟並行	
十八年乙丑	二月會試天下貢士　三月初選進	

	士爲翰林院　十 二月舉孝廉		
十九年丙寅	七月詔舉經明行修之士		
二十年丁卯	魚鱗圖冊成		
二十四年辛未	定民籍		
二十九年丙子			水復旱
惠帝建文元年己卯	三月蠲田賦　遣採訪使巡行天下問民疾苦		
二年庚辰	詔舉優通文學之士		
三年辛巳		成祖靖難兵南下知府陳彥回募兵勤王明年死之	
成祖永樂元年癸未	九月求賢才		

年			
六年乙酉		府賑饑是年作預備倉	
七年己丑			縣丞黃彪奏罷棉花之徵時改徵苧布爲棉布彪不產棉花民患之縣丞黃彪具狀以聞獲免
八年庚寅		賑徽州饑	
十五年丁酉			主簿甘宗璉重修明倫堂
十六年戊戌	纂修天下郡縣志		旱
宣宗宣德六年辛亥	改江南民運爲兌運		
八年癸丑			教諭羅宏重修大成殿及兩廡
英宗正統四年己未		詔婺源縣僉點人戶看守朱文公祠墓幷錄子孫之才者	

年		事
六年辛酉		知縣胡拱辰買民地廣學宮立科貢題名碑教諭陳三策記
七年壬戌		典史鄒斯愼新作儀門後堂　按自正統三年知縣劉功華主簿林高典史鄒斯愼重建縣署至是始落成皆鄒之力居多也
景皇帝景泰二年辛未		縣丞康謨重新司務儀門增廊房六間以接儀門
三年壬申		水澇　知縣葉斌教諭竺宴捐葺明倫堂及兩齋
六年乙亥		旱
七年丙子	詔禮部行有司顏子孟子二程子朱	

年	紀事	紀事	紀事
	子祠堂有者修理無者葢造不許損壞春秋少牢致祭		
英宗天順二年戊寅		改徽州六縣糧運爲輕齎從知府孫遇戶部主事汪敬之請也	
三年己卯	南京中式舉人每科定例一百三十五人		
八年甲申	優老		
憲宗成化元年乙酉	免夏稅麥秋糧米		
二年丙戌	巡撫宋傑奏蠲夏稅秋糧		
三年丁亥			知縣邱諒修葺縣署

七年辛卯	免拖欠未徵課鈔優老		
八年壬辰		旱	
十一年乙未		知府周正奏免秋糧 知府周正奏免拖欠課鈔	
十四年戊戌		知府周正奏免糧米	旱災
十六年庚子		郡旱巡撫王恕奏蠲夏稅	
十九年癸卯		巡撫尚書王恕奏減歲辦新安衛軍器物料	
孝宗宏治元年戊申			大旱饑次年奉府帖發預備倉賑濟
四年辛亥			夏旱饑次年復發預備倉賑濟
六年癸丑			知縣陳信建儒學饌堂扁曰養賢
八年乙卯			夏六月黟縣雨豆

年			
九年丙辰			知縣高伯齡買民地闢拓講堂及進德修業兩齋本府同知彭哲又改大成殿櫺門南向向東給事中王珣記
十年丁巳		九月休寧程學士敏政編新安文獻志成	知縣高伯齡加建穿堂於縣廳後廳階甬道俱甃以石
十四年辛酉		修紫陽書院	知府彭澤帖行知縣張偉始置義冢於縣城北
十五年壬戌	籍戶口	知府彭澤聘婺源汪副使舜民修府志成	
十六年癸亥			改置風雲雷雨山川壇于城南　巡撫都憲彭禮過邑謁聖見殿宇傾壞命知縣張偉修葺通判陳理拓基以甃泮池教諭鄭宏記　按十六年巡撫係魏公非

彭公也彭公任在十三年前舊志疑誤

武宗正德

秋旱饑

三年戊辰

九年甲戌

巡按吳鉞移學宮於縣西北

十一年丙子

時有流賊侵掠知縣劉佐率眾捍禦賊不敢犯城

學宮成　先是巡按御史吳鉞來黟謁聖廟詢圮頹之故由地形卑洿乃相度地宜得縣治西北天尊觀命郡守豫章熊桂遷建熊乃親臨區處易民地以廣之委知縣何亦尹主其事敎諭葉相董治之何以憂去署縣事通判劉文知縣劉佐繼之未幾劉亦以艱去知縣陳九疇又繼之乃成殿廡門池堂齋囿

十二年丁丑

免夏稅麥

知府張芹省堂食錢買田三千畝令上六邑作廉惠倉以備荒

年			
十六年辛巳			不周備崔俊彥江山記 知府留志淑命知縣陳九疇修縣志成婺有志自此始
肅宗嘉靖二年癸未		詔以朱子在婺源子孫比衢州孔氏例世襲翰林院五經博士以奉祀事從御史王完知府張芹奏請也 徽州大旱賑之	
七年戊子			大水戊己橋壞明年主簿江山率耆民余枝華汪隱等重建石橋爲記
九年庚寅	詔易孔子像以木主曰至聖先師改大成殿爲先師廟勑天下建啟聖祠		

年	建置		事
	及敬一亭 趙府志誤載十一年今據明史改正		
十三年甲午			夏大水秋旱
三十三年甲午	廣德兵備道 倭寇之亂郡邑無備設廣德兵備道駐本州		
四十二年癸亥			知縣謝廷傑建碧陽書院 在縣南舊儒學基正德間遷學之後惟明倫堂尚存知縣謝廷傑因生員之請捐俸改明倫堂曰正經堂後建靜觀樓樓上祀朱文公前為儀門兩翼為號舍以地在碧山之陽故扁

曰碧陽欽都御史汪尚寧記

四十四年乙丑

知府何東序修府志成　十一月衢寇掠歙及休寧東南鄉

裁縣丞　職官志又云嘉靖八年奉裁

四十五年丙寅

徽饒兵備道

因山寇發改廣德兵備道分司于衢州備山寇募民兵爲役

知府何東序修築郡城六百餘丈幷築月城敵臺建南山鎮安二門　正月賊發自開化官軍敗績於婺源古坑新安指揮王應楨百戶向子寶死之賊由香坑渡河焚婺源北門突入指揮翟鳳翔亦死焉賊恣焚掠縣治爲墟　四月賊復至休寧侵掠洋湖之地將犯郡城官軍禦之於屯溪賊不利乃去

修築縣城　先是舊城久廢是年四月知縣宋介慶奉府檄修築未成以事去通判馮叔吉督成之凡五閱月而竣

穆宗隆慶元年丁卯

蠲本年田租之半

年	徽寧兵備道		
六年壬申			
神宗萬歷五年丁丑	改徽饒道爲徽寧道駐池州	五月歙人戶部尚書殷正茂以歙二百年所納絲絹稅改派於五縣激變發祁黟人皆集休寧事聞奉旨拿豪右	
六年戊寅		絲絹稅仍歸歙人逮生員程任卿等抵大辟人皆寃之二十年釋	
十年壬午	優老		
十五年丁亥			知縣王家光修儒學續輯縣志
十六年戊子			水大疫

年	沿革	紀事
十七年己丑		旱饑　給事中楊文舉以內帑二千金來賑
十九年辛卯		知縣王家光倡率在城紳士建關帝廟于郭門城外
二十六年戊戌		大水
二十九年辛丑		復移學宮於縣南　諸生僉謂院係舊學址靈秀甲一邑有遷改之議當事者允其請而書院復爲學宮
四十二年甲寅	徽安道　分設兩兵備道　徽安道駐池州寧太道駐廣德	
四十八年庚申八月以後爲光宗泰昌元年	免萬歷三十四年至四十一年積逋	
熹宗天啟元年辛酉	免萬歷四十二年至四十三年積逋	

莊烈帝崇禎二年己巳

敕諭翁兆雲修學宮休寧金翰林聲記

四年辛未

徽寧道　御史金蘭以徽寧接壤浙浴遂多盜雜于捕詰疏改徽安道為徽寧道移駐旌德

九年丙子

再移學宮於縣西北是年大旱饑　按既移學於天尊觀地城南仍建碧陽書院邑人巡按御史舒榮都記

十三年庚辰

邑饑

十五年壬午

詔先儒朱子改稱先賢位漢唐諸儒之上

十六年癸未

三月二十三日婺源縣接得鳳督遊擊姜釗謝李牌

三月知縣朱世平督率鄉勇禦黔兵于西武嶺

督黔兵將由徽州往蕪湖兵未至按院鄭崑貞徽寧兵備道張文輝以情有可疑俱諭鄉勇堵截　二十四日祁門縣飛報接抄浮梁縣牌開稱沐國公往鳳陽守皇陵兵由江西浮梁樂平分兩路入鄉民驚以為賊聚守祁門界上　二十五日兵到祁門中有僧衲婦人及土音楚語者祁令趙文光令于城外祠堂安歇而來兵强居民房停二宿漸肆擄奪二十八日到塔兒頭殺傷居民黟休鄉勇各在界把守互驚曰賊也急擊勿失遂奮力前敵于華穰被殺傷數十人鄉勇益前死鬬來兵奔回奔入汪氏宗祠圍焚之盡

殲其眾　兵部奏鳳督馬士英募兵過徽州被祁門等縣人民殺死兵七百名奪馬六百匹逮推官吳翔鳳祁門知縣趙文光黟縣知縣朱世平鄉官金聲等入京究問併梟示下手兵丁汪爵等追還馬匹器械殮祭死者金聲具揭辨白又有據實破羨疏及鄭按院覆疏幷諸揭文事遂釋

十一月鳳督馬士英行牌大兵欲由徽寧至江西勦張獻忠我府懼鳳兵至報仇賴金聲及大司馬史可法指畫鳳督兵乃止

十七年甲申

三月十九日流賊李自成陷京師五月福王稱帝于南京明年改元宏光

年	江南省	徽州府	黟
國朝順治元年甲申	五月 國朝定鼎京師		
二年乙酉	江南省 五月 大兵下南京改直隸為江南省 免本年稅糧十分之七兵餉十分之四凡明末無藝之征盡永除之 分上下江以兩御史督學 設左右布政使總通省錢糧同駐省城 設按察司提刑通省 設徽寧道駐旌德後移駐徽州府城 十一月初行鄉試定	徽州府 閏六月 大兵下徽州府 九月提督總兵張天祿駐府城東山鎮守領縣六 歙 休寧 婺源 祁門 黟 績溪 革新安衛職世襲及招募兵祗設守備一員千總三員司屯運	黟 第五縣簡 裁主簿及儒學訓導一員 夏逆僕宋乞朱太等嘯聚結寨盤據城中挾取賣身文約各鄉之僕亦如之 秋七月逆僕宋乞朱太等乘明季亂藉募鄉勇之名倡諸奴分結三十六寨計欲盡滅大戶發難於奇墅屏山延及四鄉屠殺活埋不計其數江村人江雷矢志殺乞伺之未得其間忽乞閱營至江村雷於眾中躍起以刃抉其胸刃出於背時江宗孔汪曰俞等各

例中式一百四十七
五人

三年丙戌　九月江南再行鄉
試

持械至孔卽以刀斷乞首賊黨驚潰宋乞奴之最黠者諸奴奉爲謀主雷故殺之以殺其勢然賊方熾雷懼禍及族人使宗孔等急走避遂自經次早朱太率諸奴蠭至見雷死碎其屍殺宗孔家人焚掠一空搜索曰兪兄弟俱殺之雷之族獲免同時有葉萬四者伺賊出入擊刺不中先雷被害

春三月

大兵除逆僕以靖地方自江雷誅宋乞後諸奴無謀主焚掠漸息三年逆僕朱太林老等數千人復起爲亂大肆殺戮知縣張維光密請救被禍如舒士武韓定程利儀盧亦赴[illegible]

		誅提督張天祿知府張學聖帶兵進勦誅首逆朱太林老等餘黨悉平
四年丁亥 恭旨恩賚老民婦七十以上優免一丁八十九十以上給絹綿肉米有差	設總鎮管轄徽寧二府總兵胡茂正來鎮駐城外東山營 六邑大荒	六月旱大饑斗米銀八錢
五年戊子 特恩會試 直省行拔貢 免順治二年三年逋稅	饒州副總兵潘永禧叛侍郎敖公統滿兵千騎來援駐郡城西門外月餘三月饒亂平兵撤回	江西土寇王之貞破邑城邑人汪滉道率鄉兵攻之殺賊數百人 按洪道當逆僕宋乞作亂時曾在郡門集兵來攻兵少不克
六年己丑詔總督專轄江南江西二省 裁總漕併管漕事		丈量田土

七年庚寅詔免順治四年逋稅

八年辛卯詔一御史督學上下江　定鄉試中式額一百四十人

詔蠲歷年開加派地畝錢糧本年准免三分之一并免本年丁徭

操撫李日芃置田三百三十三畝八分取租養馬以甦民困

均畜

九年壬辰

禮部奉旨頒臥碑勒郡縣明倫堂左　督學停差御史用翰林院

十年癸巳

罷巡按

知縣賈士範修縣署

十一年甲午

免順治六年七年逋稅　定鄉試中式額一百三十二人

十二年乙未	督學停差翰林用兩僉事分考上下江	裁總兵官改設遊擊	知縣賈士範聘紳士修縣志成　建石山挹秀橋
十三年丙申	蠲地畝人丁本折錢糧拖欠在民者		
十四年丁酉	定鄉試中式額一百二十五人		
十五年戊戌	免順治十年十一年逋稅		
十六年己亥	特恩會試廣額四百名　免順治十五年以前逋稅　海氛警　復設鳳督總漕專管漕運	叛兵唐士奇殘躪各縣引寨攻城　七月防將李芝之因海警徵調中途叛逃旋與唐士奇等合	李芝欲來寇邑人舒德耀率鄉兵禦之遇于石坑斬其渠帥劉養心芝遂遁
十七年庚子	定鄉試中式額六十三人　特恩武會試		

年			
十八年辛丑	詔減郡邑入學額數大縣十五名 六月裁巡按御史 優老 以左布政專管上江移右布政於蘇州管下江		旱 知縣江既入有城隍廟禱雨文
康熙元年壬寅	裁操江歸併總督上江專設巡撫 併科歲三年一考 併上下江學道爲一提督全省		十二月知縣江既入因縣堂儀門傾圮捐資重建
二年癸卯	詔天下丈量田土 是科鄉試廣額千三人 九月詔罷八股以策論取士 停歲貢		饑 奉旨賑給
三年甲辰	初分南北臬司北駐安慶提刑安徽	欽休寧婺源裁訓導祁門黟績溪裁教諭	裁儒學教諭

	五府三州		
四年乙巳	免順治十八年以前積欠錢糧		
五年丙午	改江按察司為安徽按察司管七府三州 裁鳳撫歸併安撫		知縣江既入重建關帝廟邑人庶吉士汪華衍記
六年丁未	裁徽寧道 以左布政為安徽布政	裁推官	
七年戊申	詔復八股取士		六月地震
八年己酉	是科鄉試廣額十人		
九年庚戌		山賊王跳鬼等竄聚婺源踞三里都剽掠及鄰邑為患久總兵邱越合徽饒池兵進勦自八年十一月出師至此年四月平之凡百七十四日	知縣杜宏重修儒學

十年辛亥	免康熙四年五年六年民欠地丁正項錢糧　復歲貢	改鎮守遊擊為參將	旱
十一年壬子	旱蝗停徵九年以前積逋　命直省核貢　始以副榜十一名前准作貢生	六邑大饑民挖蕨根石膚以食死者相望奉旨賑饑　例定參將一員鎮府東山中軍守備一員駐休寧千總二員防婺源祁門把總三員防歙黟績溪	知縣杜宏捐建縣署廊房一間　奉旨賑饑
十二年癸丑	冬三藩吳三桂尚之信耿精忠反		建義學於城南
十三年甲寅	勅總督專轄江南一省　復設徽寧道駐紮徽州府　設立撫標　復分科歲考試	八月逆藩耿精忠賊黨羅其熊等由饒州犯徽州來攻破婺祁黟三縣鎮將胡星祥敗于龍灣遂破休寧及郡城績溪署府事通判鄒翼明同歙知縣孫繼佳以請兵擕印遁　九月鎮守江南將軍額楚輔國將	賊破縣城大遭劫掠學宮殘　孫志紀事有饒寇自祁門至黟城劫掠知縣杜宏被賊挾之去死于浮梁鎮守江寧將軍額統大兵進剿賊聞風宵遁　按府志及婺源縣志云聞賊羅其熊而休寧縣志與本縣

單巴山督軍副總兵金抱一率兵萬餘來擊婺寇戰于績溪之鎮頭賊敗走遂復徽州　按孫繼佳嵩園寇陷徽郡時謝度多方潛攜印從間道請兵于江寧鎮帥比至擊寇寇退民得安堵全活無辜無算歙人戴之奉主崇賢祠祀焉改鎮守參將為副總兵官

志則云饒寇蕃是時饒州副總兵程鳳叛附閩賊引之入境故徽州被禍尤慘諸志各據所見書之實一賊也

年		
十四年乙卯		知縣蘭佳選重修學宮建魁星閣歙提學洪琮記復設教諭一員
十五年丙辰	以兵餉稅關架錢	
十六年丁巳	九月特開順天江南河南浙江四省鄉試試監生江南中八十七人　裁入學額定例大縣四名	

十七年戊午	是科鄉試廣額十人		知縣蘭佳選重建城隍廟桐城侍講學士張英記又捐資與教諭尤何等重建儒學大門三楹 按儒學自明季復還城北旋値鼎革因循而工未就 國初屢遭土寇山賊之禍旋修旋毁至甲寅之變幾成邱墟燕山蘭公乙卯莅黟首議建學捐資首倡至是始制度完備
十八年己未	詔頒鄉約全書十六條		旱 奉旨免災地丁田銀及本色米豆
二十年辛酉	裁徽學道 復入學額大縣十五名中縣十二名小縣八名		知縣王景曾捐資重建縣署後堂

年	國	省府	縣
二十一年壬戌	總督復轄江南江西二省兼管操江		
二十二年癸亥	詔修各省通志	兩江總督于成龍延聘六邑文人宿學達治體諳典故者編纂江南通志　仍改副總兵爲參將	改建義學於迎恩門外　八月知縣王景曾聘紳士修縣志成　年豐
二十三年甲子	上巡江南　勅懸萬世師表額於天下文廟		
二十四年乙丑	改江南浙江學道爲學院	定例參將轄下用左右軍守備二員左軍兼中軍駐休寧右軍駐婺源	
二十五年丙寅	命直省拔貢　諭焚燬五通邪神祠	奉憲文郡縣各學衆備價買二十一史一部備士子觀覽	
二十六年丁卯	御書學達性天扁額差近臣阿畢達喇	總督于成龍捐玉帶廣葛倡率重建朱韋齋公祠	

	蘆里齋送婺源朱子闕里懸掛		
二十七年戊辰	上再巡江南奉旨恩賚老民婦 免江南二十八年丁糧并錢本年以前積欠 增江南浙江入學額府學二十五名大縣二十名中縣十五名		
二十八年己巳		休寧監生黃鳳翼輸造試廠于郡察院置坐號棹機千餘并修察院六邑試士便焉	
二十九年庚午	定武場鄉試照文場事例江南解額六十三名		
三十年辛未	總督嚴禁編審雜派勒碑衙前		

三十二年癸酉

上允祭酒吳苑請 命彙學達性天扁懸挂紫陽書院

三十五年丙子

鄉試廣額江南增二十名共八十三名

郡大水漂沒廬舍墳墓

五月大水

三十六年丁丑

丙子丁丑兩歲 御駕親征厄魯特者三塞外蕩平 詔來科各省鄉試加額十名會試倍前科之額本年正貢作恩貢 詔行拔貢 儒童次藝改孟子題文爲小學題論

三十八年己卯

上閱河工幸江南浙江 增本年入學

休寧戶科給事中趙吉士修府志成

額每縣五名
詔各學設樂器
四十一年御製訓飭士子文頒
壬午　勒學宮　部議鄉
會試准作五經文
江南額外中三名
四十二年上閱河工巡江南浙
癸未　江
四十四年上閱河工巡江南浙
乙酉　江
恩詔鄉試增中十名
後不爲例
四十六年上巡江南閱河工
丁亥　復儞童次藝爲孟
子題文
四十七年　夏大雨秋蟲傷稼
戊子
五十年辛　江南鄉試廣額增
卯　十六名共中九十

五名五經三名外增中一名

五十一年壬辰	特諭升朱子於大成殿十哲之次　免逋欠		聖廟奉朱子神位升於十哲之次
五十二年癸巳	萬壽聖節特開恩科二月鄉試八月會試　優老恩詔以五十年丁冊為常額續生人丁永不加賦		
五十三年甲午	御纂周易折中暨朱子全書頒行		
五十五年丙申	特旨蠲免錢糧		春淫雨麥不登夏旱損禾賑饑
五十六年丁酉	停止五經應試		
五十七年戊戌	免五十年以前各舊欠地丁錢糧全		水蛟發

六十年辛丑	免漕項銀米免征一半 被災錢糧按分數蠲免	旱災奉旨賑饑
六十一年壬寅	行拔貢	春富民輸粟助賑夏秋豐收　上年六月至秋大旱六十餘日豆蔬俱無今年春民益饑各紳富民周其親族城中大戶糶米貯廣安寺助賑知縣顔光佇監發
雍正元年癸卯	特詔開恩科四月鄉試九月會試其癸卯正科甲辰年補之 詔封孔子五代王爵改啟聖祠爲崇聖祠 命各省學建忠義孝	學使法海奏請奉旨升鄞縣中學爲大學加入學額四名　先是詔下各省大臣檄府州縣中有人文最盛之處開具詳報令督撫會同學臣查明屬實小學升爲中學中學升爲大學時鄞之應童子

	悌祠仍建節孝祠於學宮外　頒聖諭廣訓　江南鄉試加額三十名後不為例		試者且千人[illegible]同知李鍾詳府及各上憲得以中學升為大學歲科兩試額二十名永著為例
二年甲辰	補行癸卯正科二月鄉試八月會試江南額中九十九名加中五經五名		復給知縣員下各役工食前康熙四十七年因西征停此年復
三年乙巳	二月二日日月合璧五星聯珠在娵訾　提督學政分上下江		題準黟縣本係中學今改大學取文童學額二十名
四年丙午	御書生民未有額懸挂文廟　詔設立先農壇用仲春月亥日祀神行		穀有不熟未成災

	耕籍禮自五年爲始 定各省學道一體俱爲學政	
六年戊申	題准丁隨田辦於成熟田地內照貧在當差人丁攤征 詔每年隨正征收加一耗羨解司庫撥充公用 行拔貢	
七年己酉	始給官員養廉銀	例給知縣養廉銀六百兩
八年庚戌		年豐
九年辛亥	詔各直省刊布欽定易書詩春秋及性理精義等書	

十年壬子	各省加鄉試額江南加中十名		
十一年癸丑	命各省保送優生內廩增生俱准作優貢附生准作優監		
十二年甲寅	行拔貢		
十三年乙卯	奉恩詔蠲免十二年以前錢糧及帶徵緩徵漕項銀米　賞賚老民婦　江南鄉試加三十名後不爲例　詔祀火神		火神廟舊在縣城南門外雩虛觀祀火正之官也至是始奉文每年六月二十三日致祭重修其廟焉
乾隆元年丙辰	特開恩科八月鄉試議准江南鄉試分上下江字號下江取中七十二名上江		五月大水損壞田畝府縣詳請緩徵按畝發銀開墾

取中四十八名共增額二十一名官卷亦照正額計算五經及副榜各照定例計算取中

復設安徽寧池太廣德道駐蕪湖

詔八十以上老民品行端方素無過犯為鄉里推重者給八品頂帶奉
旨免漕項尾欠

二年丁巳

奉
旨免漕項尾欠

設社倉於四鄉

三年戊午

江南鄉試議准添設房考易詩二經加二房共二十二房

御書百世師表扁額給與安徽巡撫頒發婺源恭摹製造

邑人江雷奉
旨崇祀忠義孝悌祠 增西門外養濟院

四年己未御書與天地參額懸挂文廟 免安徽

年	紀事		災祥
五年庚申	命諱孔子名加阝爲邱經書皆作丘行擬頁　省本年錢糧分爲大中小三戶酌免		
六年辛酉	頒發祭樂二器學宮陳設		
七年壬戌	欽定明史頒學宮		夏旱傷禾米價騰貴
八年癸亥	奉旨恩賚老民		春饑河邊羅民饑甚採蕨葛爲食無賴乘機盜砍山樹及墳冢蔭木峻法嚴懲始斂跡
九年甲子	江南鄉試議減中額上江五十名酌減五名下江七十六名酌減七名		七月水不爲災
十一年丙寅			知縣尋張彎捐資重修縣署

年			
十二年丁卯	恩免本年地丁錢糧		夏五月大水損壞田廬奉旨給饑民口糧并發銀開豁田畝修葺房屋
十三年戊辰	印用滿篆		
十五年庚午	奉旨恩賚老婦免地丁十分之三 停蜡祭		五月水不爲災
十六年辛未	上奉太后巡江南浙江 太后萬壽恩加歲試學額大學五名中學四名小學三名 免十三年以前各年民欠地丁錢糧 罷五經中式例 賚老民		夏無麥開倉平糶

年	選舉		紀事
十七年壬申	特開恩科　優老行拔貢		知縣陳儀移學宮於城南舊址公自懷寧調爲黟邑令愛士興學且明于堪輿之術以城南遠勝城北亟請于上憲謀遷爲郡守何公達善親履稱善濤釐其地經始于是年六月閱三載而工竣郡守何公作記刻石於明倫堂
十九年甲戌		郡守何達善爲六邑興紡織之利	奉府檄教閨女習紡織
二十年乙亥			歲歉
二十一年丙子	諭鄉會試詳加磨勘一場四書文三篇二場經文四篇三場策五道除論表判會試丁丑科始鄉試己卯科始著		春米價驟貴開倉平糶 秋大有年

為例 江南鄉試廣額十人 學憲飭各學選能詩賦士子二人迎駕備召試 奉旨免地丁十分之四

二十二年丁丑

上再巡江南諭定鄉會第二場加五言八韻排律一首限用官韻著為例會試丁丑科始鄉試己卯科始恩加江南浙江歲試學額照十六年例免二十一年以前各年民欠地丁錢糧

二十四年己卯

詔鄉會加論一道

夏秋之交穀生小蟲未成災 邑人余廷俊等捐貲

年	紀事	邑事
二十五年庚辰	特開恩科	重修城隍廟知縣范汝載記 邑人楊乃賢捐造漁亭橋未成而卒其子天培完工仍舊名永濟橋
二十六年辛巳	正月朔午時日月合璧五星聯珠不宣付史館 恩賚老民 安徽布政使司自江寧定駐安慶	秋大有年
二十七年壬午	聖駕南巡 恩加江南浙江歲試學額如十六年例	歲豐 知縣孫維龍捐俸并勸邑紳汪元佑余廷俊等輸建鳳凰橋 又捐俸并勸邑紳輸建漁亭洲左通濟橋
二十八年癸未		知縣孫維龍倡紳士捐修縣城

三十年乙酉 聖駕南巡 恩加廣試學額如前 行拔貢

三十一年丙戌 試會試場後挑選遴 科舉人一等以知

貢生程學祖生員程炎程艮鄰民人胡丙培首先急公三十二年奉旨俱賞給八品頂帶古築孫氏捐銀二千兩因係遠祖孫本梓名目無賞給頂帶之例府縣賚送扁額旌獎是年春奉檄勸捐紳士復輸銀萬兩解省助修他處城工

夏旱米貴開倉平糶秋禾熟是時各鄉好義紳士如汪艮瓊汪潢汪尚豐汪燮汪世麟汪光祿汪元佑汪邦棟等各恤其族城中余應庚客湖廣妻吳氏出銀四百兩以周族人

修城隍廟 建城南劉猛將軍廟 瘞埋境內暴露

三十三年戊子 停教職兼署

三十五年庚寅 皇太后八旬萬壽普免天下錢糧漕項

縣用二等以教職用 李文通行署

編審

一棺骸知縣孫維龍俱有記

秋大熱 先是徽寧道李公札諭設法掩埋境內棺骸俾無暴露黟縣義塚舊祗三處遠鄉不能徧赴知縣孫公捐買添建義塚一處邑紳士汪元佑復捐地一區并與汪錫輅等捐給灰工之費自二月至七月共埋一千一百八十一棺遠鄉之葬其族人者亦眾

議建橫江書院于迎霞門外古築孫氏始祖本梓祀會捐買房屋地基八月孫公調任鳳陽事寢

三十六年特開恩科
辛卯
三十七年詔開四庫館徵天下
壬辰
羣書
詔會試後挑選遠科
舉人以知縣教官
用如三十一年例
奉
旨五年編審之例永
行停止
四十一年
丙申
行拔貢
四十二年上諭普免天下錢糧
丁酉
自乾隆戊戌年爲
始分作三年輪免
四十三年蠲免安徽錢糧
戊戌
旱　歲歉
是年本邑輪免錢糧
四十四年特開恩科
己亥

年	紀事
四十五年庚子	聖駕南巡　恩加歲試學額如前例　恩科會試年八十以上者給翰林院檢討銜七十以上者給國子監學正銜　上諭普免天下漕糧一年以本年為始分年輪免
四十六年辛丑	詔會試後挑選遠科舉人如前例
四十七年壬寅	始給武官養廉
四十九年甲辰	聖駕南巡　上諭各直省有五世同堂者奏請恩賚　復奉恩旨地丁漕糧未完等項全行豁免

五十年乙巳 特開千叟宴

上臨雍行釋奠禮禮部行取衍聖公暨元聖四配十二哲裔五經博士選帶俊秀馳驛入京陪祀

夏旱

是年本邑輪免錢糧 先是四十五年上諭輪免天下漕糧一年安徽輪至四十九年嗣議改五十一年復因五十年旱災奏改本年蠲免

五十一年丙午 御批通鑑綱目一部頒發各學

歲大饑

五十二年丁未 詔會試終場舉人年九十以上者給翰林院編修銜八十以上者給檢討銜七十以上者給國子監學正銜

詔會試後挑選遠科舉人如前例

歲復饑

五十三年戊申 先行己酉正科一行拔貢

徽州大水休寧祁門黟縣均被災傷

夏五月初六日大雨初七日黎明蛟水陡發傷人民

諭鄉會試通作五經文歲科試俱重興場用四書文二篇覆試文藝用經文

損田廬撫憲按視賑䘏災民

五十四年己酉

特開恩科

詔各直省鄉試諸生年八十以上者給舉人七十以上者給副榜

邑紳士胡學梓重建休寧縣登封橋舊橋爲水所壞也

五十五年庚戌

恩旨普免天下錢糧自本年始分作三年次第蠲免

邑紳士程學禧王毅胡德藹捐貲開規嶺新路　縣往郡大路向由長演石壘二嶺行者艱於登陟程學禧首倡開路王毅胡德藹繼之鳩工鑿石歷十四閱寒暑而路始通汪世爔等復甃以石遂成坦途行人便之

五十六年 辛亥

諭各直省臣民有上見祖父下見元孫者奏請恩賚

桂林程太祚修鎮安亭外通郡石路成

五十七年 壬子

鄉中建古紫陽書院公議規條勒石

設立本縣會館於京城宣武門外南半截衚衕

闔邑建水口塔於黛峰是年十月上頂經始于五十五年三月落成于六十年三月塔形八角計七層圍十丈二尺有奇徑三丈六尺有奇高二十五丈二尺有奇董其事者胡德藹吳洪廬有靜胡德藩胡德璐德胡立卓胡世麟胡德尊吳攀桂輸塔基址者橫岡吳希元吳騰蛟也

五十八年 癸丑

是年本邑輪免錢糧

五十九年甲寅

先行乙卯正科

上諭明年乙卯係六十年國慶普免天下錢糧以六十年為始分年輪免並豁免積年民欠因災緩帶地丁漕糧正耗銀兩及出借社穀等項

會館成在京購者汪給諫日章在縣倡捐者程州同學植

六十年乙卯

恩旨蠲免五十八年以前積欠丁田正耗錢糧

特開恩科

詔會試後挑選遺科舉人如前例

嘉慶元年丙辰

重開千叟宴

恩加歲試學額如乾隆十六年例

恩詔優老如乾隆元

	年例		
二年丁巳	恩免丁地正項錢糧 恩加科試學額大學七名中學五名小學三名		是年本邑輪免錢糧
三年戊午	皇帝臨雍行釋奠禮 禮部行取陪祀如乾隆五十年例		知縣鄒杰清理學宮祭山拓泮池明堂
四年己未	夏四月朔日月合璧五星聯珠不宣付史館 諭禁攤扣養廉教職佐雜廉俸吏役工食仍於耗羨生支		
五年庚申	御書聖集大成額懸挂文廟 特開恩科 諭祀典壇廟所以爲		水蛟發

民祈福者准于開
欽奏明動用修葺
諭禁小民越境燒香

六年辛酉諭各直省府州縣添
祭
文昌帝君如
關帝制
詔鄉試場後彙題年
七十以上貢生准
給舉人生監准給
副榜　行拔貢
恩加科試學額如前
例
諭年老諸生應鄉試
者惟查實在年數
不必拘入學年分

桂林程氏捐建魁星樓

七年壬戌諭川楚平定大功告
蕆外省添建昭忠

徽州營改屬撫標

八年癸亥

旱 歲饑

九年甲子 士幸翰林院賦詩 賜宴頒賚有差 敕安徽巡撫兼提督銜

十三年戊辰 特開恩科 詔會試後挑選遠科 舉人如前例 聖駕巡幸天津 諭禁婦女入廟燒香

冬十一月知縣吳甸華創建書院於迎霞門外 先是官此土者屢議屢寢終於無成是年蒞任首議建造書院一切事宜酌定後札諭紳士自行經理衆紳士咸樂從焉

十四年己巳 御製授衣廣訓成十二月 諭安徽省徽州寧國池州該處世僕名

舒志道捐貲三分之一修大成殿 桂林程氏重修兩廡西都文會重修大成門

	分統以現在是否服役爲斷以示限制如主家放出三代後所生子孫方准捐考	十月內閣抄出 上諭福建出洋勦匪縣丞佘俊加恩照傷亡例 賜卹 歲歉
十五年庚午		大有年 六都文會建明倫堂兩廊 知縣吳甸華諭勸瘞埋境內暴露棺骸捐置義冢于四鄉自本年至次年共埋二萬六千八百餘棺各鄉紳士好義之家亦多置義冢助葬者勒碑于城隍廟
十六年辛未		正月知縣吳甸華捐俸增額外孤貧　清釐虛糧設立官戶歲捐代完銀一百八十七兩零永禁推收冒濫勒碑於縣堂 七月書院落成名之曰碧

十七年壬申

陽書院仍前明舊書院額
也作記及規條勒碑講堂
以垂久遠
十月禁客戶開煤燒石灰
十一月桂林程氏重修東
嶽行祠回廊
五月詳奉　撫憲批准東
倉移併西倉其祭院舊基
建造考棚
六月詳奉　撫憲批准禁
開煤窯移建鋪汛稽查
大有年

十八年癸酉	行拔貢		邑紳胡尙熠造潭口發西橋潭口通休寧太平河面寬漫向架木以渡値大水輒不支行旅每致覆溺尙熠捐貲造石橋長二十五丈六尺闊一丈八尺橋基下至石骨合橋面三丈三尺餘歷三載始成 邑紳胡尙熠重修東嶽廟及靈虛觀
二十年乙亥			
二十三年戊寅	特開恩科		
道光元年辛巳	四月辛巳朔日月合璧五星聯珠在大梁 上諭不必宣付史館 恩詔優老如前例 特開恩科增額三十名 恩加科試學額如嘉		

慶二年例

二年壬午御書聖協時中額懸挂文廟

三年癸未皇帝臨雍行釋奠禮恩加歲試學額如前列

四年甲申

五都各姓捐貲合造塔下溪大路路爲休祁來往要衝岸高一丈四五尺水齧沙懸擔夫每誤墮岸下有致隕命者合都各姓勸輸用大麻石甃砌塝高八尺餘延百丈堅固完密得免失足之患

夏大水蛟發梘溪壞民舍漂溺三十餘戶霭山蛟發山徙壓民舍十餘戶死者十餘人

十二月署縣事呂子珏禁挖煤燒灰

年豐

五年乙酉

行拔貢

正月署縣事呂子珏創建考棚於常平倉故址前令吳君甸華議建考棚詳請用常平倉舊址而貯穀未移寢其說已十餘載至是復諭興建先於舊學基新倉另建十八廒移貯常平倉穀倉址遂成隙地邑人士踴躍樂輸不兩月集貲三萬餘金邑紳胡元熙實董其成

四月禁開鑿燒挖

（清）謝永泰修　（清）程鴻詔等纂

【同治】黟縣三志

清同治十年（1871）刻本

續紀事表

年	時事	府事	縣事
道光六年丙戌	宋儒歷贊明儒呂坤從祀文廟	三月府城試院東街火延燒幾二百家見道光府志	知縣唐錫齡續縣志刊成
七年丁亥	部准武進陽湖貞孝節烈總建一坊通飭行		
八年戊子	平定回疆[illegible]布上皇太后[illegible][illegible][illegible]勅[illegible]太學[illegible][illegible][illegible][illegible]登山受俘[illegible]行如例明儒孫奇逢從祀文廟		
十年庚寅			邑紳胡元熙獨建西川胡氏節孝祠是年興工辛卯工竣
十一年辛卯	江[illegible][illegible]試以大水九月舉行		水蛟發歉知縣王蔭森奉准開常平倉設局平糶

十二年壬辰特開恩科
十三年癸巳恩科會試
十四年甲午
十五年乙未特開恩科
十六年丙申恩科會試
十七年丁酉行拔貢
十九年己亥特開恩科
二十年庚子恩科會試
二十一年辛丑

平定[illegible]粵猺匪

海疆警壽春鎮兵調赴浙江安徽巡撫程楙采募廬鳳潁六安等府州壯

水歉
主事王藻刻邑人俞正燮癸巳類稿於京師
旱歉邑紳胡元熙辛卯壬辰及是年平糶鄉族
朱承瑋修東文嶺
孫署縣修文昌閣易宮額
邑人重建桃源洞紫竹庵茶亭
奉文糶米四千石補辛卯平糶倉穀邑人公捐如數
知縣劉東壽倡捐重修龍王廟
朱承珪等捐資重建火神廟

	丁練防部議江蘇安徽教職各歸本省選補七月江湖盛漲巡撫程楙采倡捐賑安慶池州廬州太平等屬		部准黟縣貞孝節烈婦女總建一坊知縣劉東書勸捐海疆經費
二十二年壬寅	六月海疆警洋船駛江甯安徽巡撫程楙采帶兵防蕪湖并募鄉勇千四百條陳四事		胡積城建七哲祠成冬至奇興兩木冰
二十三年癸卯	宋儒文天祥從祀文廟	知府朱右曾詢徽屬利病黟士王以寬陳三利八弊	修學宮知縣承壽逐棚民禁砍樹鴟等處挖煤燒灰邑紳胡元熙復興碧陽書院
二十四年甲辰	特開恩科武鄉試加中副榜	修府學宮	邑紳胡積堂獨力捐建節孝總坊正月興工十一月

工竣石坊高三丈六寸五分東西廣四丈七尺七寸臺直五丈三尺橫丈六尺

邑紳請禁燒挖并柴窑影射桃源洞以內山場輸入碧陽書院

胡元熙瘗各姓被挖遺骸於庵堂基

朱承瑋修麻榨大路

二十五年乙巳

恩科會試

署知府傅示禁黟縣挖煤

知縣承壽示禁燒挖勒石碧陽書院

朱鏡蓉修書院大路

邑人易桃源古洞爲桃花源

二十六年丙午

歙紳程祖洛黟紳胡元熙捐資重建府城外河西橋是年興工

二十九年己酉

行拔貢

江南鄉試以大水十月舉行

宋儒謝良佐從祀文廟

大水

六月耆公山下地陷深二丈餘長數十丈地湧波浪聲

三十年庚戌	四月八日京師五色雲見 命前兩江總督李星沅剿廣西賊		屏山朱氏修桃源門外石橋
咸豐元年辛亥	正月十六日午刻日輪抱珥 恩科鄉試 宋儒李綱從祀文廟 御書德齊幬載額懸掛文廟 御書萬世人極額懸武廟 舉孝廉方正 諭各直省夫亡殉節之烈婦仍准旌表		
二年壬子	恩科會試 周毛亨宋韓琦明方孝孺呂枬從祀文廟	祁門縣許文生妻生子人首猴身偏體青黑齒白見抄報隨聞錄	調撥汛兵赴湖北 改調汛兵赴江西 六月奉文勸捐 十二月十一日大雪平地

援兩江總督陸建瀛
欽差大臣防江皖

二尺許雨木冰
縣署竹生米

三年癸丑
皇帝臨雍行釋奠禮
諭直省行堅壁清野
法刊發疏議
安慶陷僞省治於
廬州府
金陵陷廬州陷

江西饒州過耀都陽知縣
沈衍慶禁之
六屬團練
詹事主簿休甯孫堉條陳
奏事
河西橋工竣

毀石山煤窖獲客民胡戴
揚
把總孫占鰲率撤兵同汛
知縣田荆設局團練邑紳
胡元熙余毓祥等董之各
都設分局邑人捐練費
築碉西武嶺
邑人赴祁門會團守到湖

四年甲寅
諭徽甯等屬暫歸浙
江巡撫兼轄安徽
甯池太廣道暫改
爲徽甯池太廣道
加按察使銜專措
奏事是爲皖南道
另設皖南鎮總兵

祁門陷旋收復
知府達秀招勇駐漁亭捕
祁匪設籌防籌餉二局
學政沈祖懋駐府辦防六
屬要隘皆設守
練勇擊賊櫟根

四五六都分局獲土匪蔣
四等
二月縣城陷旋復
余兆元等桃源義勇援祁
門協郡勇捕獲祁匪
浙軍川軍駐漁亭
解散雙錢會匪

五年乙卯
九月二十五日奉
上諭歙縣西鄉義民
助戰及黟縣各都

春府城歙休甯婺源祁門
黟後先并陷旋復之
府勇方建國章名輝等二

正月粵寇犯羊棧嶺防勇
死之縣城再陷東岳廟縣
堂六房俱災橫岡石山蘗

鄉民奮勇殺賊深明大義加廣文武學額建立總坊皖軍復廬州僑省

十五人防羊棧隘已前江西撫張芾駐府辦防夏婺源休甯黟并陷官軍援婺歙休黟民助戰殺賊復各城六屬捐輸軍餉張前撫給各縣人殺賊者扁額其文曰忠義可風

家灣民居火余兆元以官軍至復縣城無麥石米錢五千有奇竹生花雞夜半鳴天鼓鳴四月縣城陷常平倉及四鄉被掠五月邑人奮勇殺賊戰於北鄉金觀海等死之賊遁汪元鎮請官軍至復縣城二都人殲土匪闔邑捐輸軍餉自此始十月癸卯雷雨夜又震

六年丙辰

五月二十七日上諭實行團練先清保甲向大臣榮和大臣接統江南軍福巡撫統皖軍

春粵寇分竄祁門黟婺源歙休甯等縣歙北人殺賊走湯口入旌涇秋寇竄黟祁門祁西人擊殺之走浮梁後股竄婺源由休甯犯府城七里墩歙人助剿賊走休甯黟縣冬十月官軍復各城十二月嶺外賊繞竄柏溪

練局湊三月縣城陷鱗冊儀門災蹂躪東北鄉旋出羊棧署知縣王垣復設保安公局俞正禧余昌慶等董之各分局皆復八月寇犯羊棧穿城屯西南鄉走祁九月由休甯來縣城陷十月江周兩軍援

祁門陷江總兵擊走之

擊走之復縣城
十二月江軍擊賊於羊棧
賊繞横溝楊家墩黟縣團
勇助陣於西武程錫嘏朱
汝霖募勇出剿横溝

七年丁巳

先賢孔氏孟皮配
享啟聖祠
正月十四日奉
上諭上年八月間賊
陷太平祁門等縣
各文武員弁紳董
協力剿辦將各城
池克復量予獎勵
九月初三日奉
上諭江西饒州安徽
池州兩路賊匪分
竄婺源石埭并飭
次竄撲崇覺寺等
處總兵周天受江
長責督同各路官

正月賊陷祁門欲竄黟周
江兩軍禦之出大洪嶺
五月婺源陷分竄休甯黟
縣陷官軍民團復之
十月吳定州失利於盧公
橋祁門陷江周兩軍擊賊
於花橋大勝之復祁門

正月程錫嘏江維城程鴻
詔江南杰等募勇會守備
周光順防漳嶺程倘椿孫
錫章孫廷貴等防西武嶺
雨豆色深紫大五分扁豆
之一或如赤小豆形石米
五千至六千四百有奇邑
始有質押店
知縣王垣奉准設漁亭船
卡抽釐濟餉
五月賊自婺休犯漁亭吳
錫年程鴻詔江南杰等募
勇守桃花源轉戰大聖亭
江軍來援程鴻詔等助戰
石鼓山馳防漳嶺賊夜出

	八年戊午	九年己未
紳帶勇剿捕收復城池疊退賊匪均屢予獎勵 五月十五日奉 上諭著將江南釐卡擇其扼要之地歸併數處餘皆裁汰不許委員侵漁及土棍冒名擾及行商	安徽巡撫奏請加程靈洗封號硃筆圈出惠孚　請加汪華封號硃筆圈出襄安 楚軍剿安慶削平城外諸壘 官軍復九江 七月廬州陷	宋儒陸秀夫從祀恩加徽州府學文武定額各恩加黟縣學文武定額各十
	江周兩軍援浙江衢州寇竄休甯馬金大鱅等嶺 八月婺源陷分擾祁門江軍回徽駐上溪口賊出櫟根九月賊犯崇覺寺卓村江軍剿敗之 命張芾以三品京堂督辦皖南軍務派兵剿婺源 參將吳定州卒於軍	
羊棧二四五六九都饒官軍開五月官軍擊賊於東文嶺及石山 署知縣王垣修城隍廟建憫忠恤節祠 八月余景伊程恩煦守方干嶺 十月集團助防柏溪花橋助戰獲勝 知縣王垣發常平倉餘穀		

文廟
恩加安徽省鄉試文武定額各二名
十月舉行江南鄉試於浙闈并補行乙卯科
廬州大營陷
江南軍挫於六合退保江浦

十名廣額四十四名
二月江軍復婺源賊由浮梁祁門入建德
六月楚軍克景德鎮敗賊走祁門大赤嶺竄太平橫潭郭村石埭夏村江軍會合兵圍三面環攻四閱月而始戢

名廣額各六名
補行癸丑甲寅歲科併考
六月漳嶺方千嶺石砦築竣賊由石太三面偪鄉署知縣劉錫祐募勇集團交程鴻詔會同程綬等守漳程倘椿等守方千七月會都司趙廷賓戰於漳嶺斬執旂酋敗之又會守備段榮基朱錫縉等守高天曹八月亂橫潭賊卡會擊高視復橫潭九月戰高天曹黟汎孫占鰲協防漳嶺署知縣劉錫祐捐賑太石難民各都紳蓍皆設廠捐賑程鴻詔移防羊棧會克郭村十一月撤防

十年庚申

明儒曹端從祀文廟
二月杭州陷旋收

二月績溪陷三月連攖府城江軍迎剿知府劉兆璜集團助戰斬僞企天侯鄧

二月石太賊偪縣境署知縣張葆募勇交程鴻詔會官軍守羊棧及樞樹下汪

復
閏三月江南大營
退駐丹陽旋陷
四月蘇州陷
欽差曾大臣總督兩
江督辦江南軍務
八月甯國府陷前
皖南道福咸死之
楚軍援皖南會克
太平旌德石埭
皖南道始駐祁門

傳[illegible]復績溪
四月賊竄歙南鄉山陽坑
走績溪官軍擊卻之
江軍門抽徽兵援剿湖州
前廣東道吳坤修駐兵休
甯
張京堂　內召徽營譁餉
欽差曾大臣駐兵祁門
八月府城陷休甯陷
十月霆湘各軍攻休甯進
復黟縣
十一月婺源陷旋復
僞忠逆圖犯祁門霆湘等
軍連戰於黟境破之又破
藍田小溪之賊
自是年秋迄明年夏歙休
人避兵於黟黟程尙陞汪
學樞黃殿拔江禮門等在
廣安寺賑米江隆程熙聰
等在新庵何朝名胡有立

元鎮會守桐林新嶺閏三
月撤防
援浙各軍過境
碧陽書院捐軍餉萬金
江軍門抽撥黟汛兵胡榮
貴十一名援湖州榮貴在
平望戰歿
武舉余步瀛甯國陣殞
姚必源等請撤保安公局
曾大臣不許飭王以寬赴
營採訪忠義
老湘峯禮等營駐縣分防
掘龍尾山濠王夢麟毀碧
陽書院湘營移駐八都邑
紳程尙進集團助防
十月冦陷縣城霆湘等軍
殲賊復城
十一月冦繞新嶺抄盧村
駛東岳山別犯方干霆湘
等軍擊敗之是月湘營札

葉祥麟等在喜槐亭各設粥廠曾大臣給義重鄉閭敦善不忘二額

令程倘進胡蕃楊烈王利賓胡朝賀胡文鉞胡宣政王新田汪嘉方鳳照設卡於阜嶺

十一年辛酉

九江饒州肅清

楚軍圍安慶平蔆湖

欽差曾大臣移軍駐東流

八月朔日月合璧五星聯珠

官軍復安慶進克池州桐城宿松黃梅廣濟銅陵

命曾大臣兼轄浙江軍務

行拔貢

二月官軍敗賊於大洪大赤等嶺殪悉口程村踞賊又破上溪口逆巢復休甯僞侍逆陷婺源旋復之又破賊於櫸根未戌等嶺掃蕩陳葉田村踞賊又敗賊於楓樹嶺

霆湘等軍復黟縣乘勝復府城爲粥以食難民

曾大臣分兵婺源破賊於浙境白沙關

十二月賊圍府城守將張運桂會援軍擊敗之僞輔王受傷遁去圍解

署知縣江國華勸捐銀三萬解祁門大營助餉

姚必源等上切籌軍餉書

五月寇犯羊棧嶺防軍擊卻之擔方防潰縣城陷紳民遇害甚衆邑紳胡啟壐乞師於老湘營霆湘等軍破賊復城

十月寇入羊棧縣城陷老湘營擊卻之復縣城

冬大雪平地數尺

曾大臣飭縣薦程鴻詔入幕治事

同治元年壬戌

舉孝廉方正

曾大臣賑皖南皖

祁門設牙釐總局歙之街口皇墩休之屯溪龍灣萬

春大雪奇寒

二月寇六路駛入署知縣

北新復各州縣
五月安徽省仍建於安慶
復廬州府太平府甯國府
大軍圍江甯駐雨花臺

安街和村發之太白城西祁之到湖小路口黟之漁亭均設釐卡二年始具
徽屬平糶代賑
冬寇自休黟陷祁門自昌化陷績溪官軍迭復之

張仁法入營會防軍戰退巨寇力保危城
七月署知縣張仁法重整團練孥游勇正法
十一月賊竄潭口西遞擾四五六都浙軍剿敗之
廣黟學額六十一名十次取進

二年癸亥

飭各直省裁減例案煩文從河南學政景其濬請也
僞王擒誅張落刑
川軍斬賴裕新即荼毒皖南者
川軍緘石達開傳首各省
江西肅清
大軍克江甯城下各壘肅清江面
復蘇州省城

寇擾休甯祁門黟績溪官軍會剿克復之
伊署府出隨處掩埋示三埠設票運鹽行
歙富川人思源堂施藥疫區捐埋各屬難骸

知縣謝永泰議築林歷山砦不果
二月賊竄縣境先後蹂躪城鄉殆徧踞四五都爲巢
三月官軍復縣城斬僞綱天義古文祐嶺內肅清此次被兵最爲慘酷
春雨連月米石錢八千有奇豆不收無禾有惡獸似猿馬口人行黃貧白文食人
曾大臣發借牛種銀藩司發米道札勸捐種糧

會大臣定皖省墾荒章程發牛種銀
光祿少卿鄭錫瀛奏請屯田養兵

三年甲子

文昌升中祀咸加一祭
設長江提督
再復杭州復常州
六月大軍克復江甯剿洪逆尸諸悍賊伏誅粵逆平
皇上修告成禮
天地社稷
陵廟遣官告祭
封賚郵賞各有差
十一月行甲子科江南鄉試并補行戊午科
徽甯池太廣道毋庸加銜

正月績溪陷府城被圍皖南鎮會浙軍剿復績溪府城圍解
四月江陰常州敗賊入徽歙大埠休甯藍田向黟漁亭鎮兵迭擊敗走之
撤篁墩龍灣和村城西小路口釐卡
署府劉傳祺請設法招墾荒田

六月寇十都八月寇羊棧防軍迭禦之
奉文船釐歸書院
刪存屢站二處奉准開支
四月敗匪竄旌八都西圍嶺鎮兵追擊之於藍渡一帶賊潰自此無警
知縣謝永泰月課生童
奉文丈量田畝招徠開墾
知縣謝永泰示納契稅查辦丈量
奉喬撫院頒發蘇州丈田圖說

四年乙丑恩詔安徽省民欠錢漕除咸豐恩詔免黟縣民欠錢漕銀兩

糧漕米
欽差曾大臣剿捻
部文將咸豐五年
新議皖南道之規
制革除盤復道光
以前蕪湖[illegible]舊章
移駐蕪湖
徽甯道張鳳翥劉
編保甲門牌
是年二月奉頒
御書聖神天縱額懸
掛 文廟

九年以前業經降
旨豁免外自咸豐十年起歙
縣至同治三年休甯祁門
至同治二年婺源至同治
元年績溪至同治四年
府城及休甯防軍諱餉鎮
道及知府劉傳祺稟奉辦
結
九月皖南牙釐總局自祁
門移設蕪湖
修府學宮
屯溪商士祀故皖南道張
鳳翥於花山精舍

除咸豐九年以前業經奉
旨豁免外自咸豐十年至同
治三年一併補行豁免
知縣謝永泰捐借充餉解
府紓諱旋事定發還
皖南牙釐分局自灣沚移
設漁亭本管甯太各卡改
管徽屬各釐卡
補行咸豐丙辰丁巳己未
庚申歲科併考入縣學併
廣額共百十七名
奉文催丈田畝稟挪牛種
繳欵以作經費

五年丙寅

議准長江水師提
督駐太平府立行
署於岳州共六標
二十四營
設安廬道
恩詔安徽各屬被災

三埠鹽斤加價充善後經
費
恩詔徽屬被災緩徵錢漕銀
兩歙本年休甯祁門同治
三四年婺源二三四年績
溪本年除已完外均予豁

水蛟發
知縣謝永泰設局十都清
丈
知縣謝永泰建忠義祠
恩詔黟縣同治四年荒緩各
欵銀米

六年丁卯

緩徵錢漕
同治二年民穀數
部覆展緩造報
總督并署通商
會爵相同任兩江
欽差大臣
江南鄉試并補行
辛酉科
揚州軍擒賴汶洸
粵逆餘黨悉平
同治二年以後民
數穀數展緩造報

免
修復古紫陽書院
婺源祁門請准免丈田畝
知府何家驄飭造戶口册

奉解牛種銀兩修復紫陽
書院
補行咸豐壬戌同治癸亥
乙丑丙寅歲科併考并廣
額共入縣學百六十七名
奉查本年戶口

七年戊辰

六月官軍大捷捻
匪全股蕩平
恩加內外大小官員
均加一級
七月以宋儒袁燮
從祀文廟
諭纂平定粵捻方畧

五月徽屬五縣大水獨婺
源無災

知縣謝永泰請停清丈
修城隍廟
薦舉湯球舒祖謨孝廉方
正
續修縣志
閏月申送戶口册籍
五月大雨水蛟發損田廬
知縣謝永泰捐廉撫卹被

八年己巳恩緩安徽各屬被災錢漕省志開局

水各村民欠牛種銀兩禀奉爵閣督憲曾批准免徵

重建縣堂儀門頭門六科

清理碧陽書院

修明倫堂

九年庚午江南鄉試并補行壬戌恩科

重建府署

濬泮池程紳王以誠董之

續訪孝貞節烈婦女彙餔旌表又訪殉難紳民婦女五千三十二名口彙請旌卹

城隍廟重修工竣

邑人重造長生亭石橋

二都人重造龍蟠橋

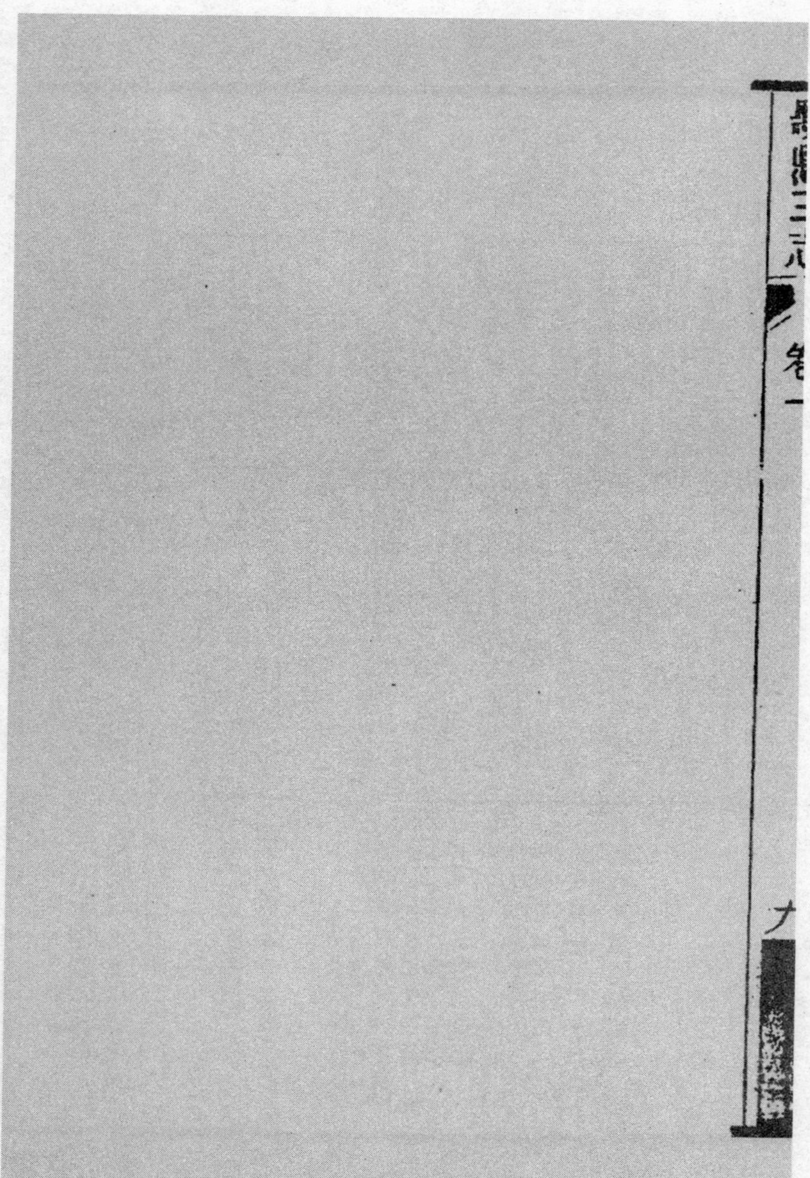

（清）張士範纂修

【乾隆】池州府志

清乾隆四十四年（1779）刻本

池州府志卷第二十

朝議大夫江南池州府知府張士範

祥異志

郡縣雖一隅然五行之所感六沴之所形爲祥爲眚所關甚鉅而水旱者尤切於民事軫恤之政所必先焉故按舊志取齊梁以來至於今逓著於篇閒有所增補亦在池言池不泛及爾

齊昇明二年宣城臨城縣藉山獲紫芝一枝見南齊書臨城縣卽今青陽縣

梁天監十年冬十二月山車見臨城縣

陳太建十四年七月江水赤如血見陳書自建康西至荆州

宋建隆間貴池犬化爲龍舊志謂是日風雨晝晦有犬升木化龍穿山而去至今有穿山洞

咸平二年三月池州箭竹生米如稻見文獻通考

咸平二年四月池州火燔倉米八萬七千斛見宋志

宣和二十一年池州建德縣定林寺桑生李實栗生桃實

紹興元年池州旱見宋史

二年七月池州水

五年五月池州水見文獻通考

十二年二月池州火見宋史及文獻通考

十六年建德石門民家籬竹生牡丹又釜產蓮花若金色

二十七年池州大水見宋史

隆興二年七月池州大水浸城壞廬壞田圩軍壘舟行廛市累日人溺死甚衆見宋史及文獻通考

乾道元年七月池州竹生穗實如米饑民食之知池州魯詧繪瑞竹圖并囊其實以上按章服上疏劾詧以爲物反常則爲妖竹非穗實之物是反常也竹生實則林必枯是妖也以妖爲瑞是罔上也況饑民有食糟糠者有食草根木實若食土之似粉者豈以是爲珍於五穀哉猶愈於死而已詧牧民頑使其民至此猶以爲瑞而獻之乎佞邪成風漸不可長也疏上詧免官見陳龍川記

九年五月池州水流民居壞田圩見宋史

淳熙七年池州大旱見宋史及文獻通考

十六年三月池口鎮軍屯牛狂觸人死見宋史

紹熙元年池州旱見文獻通考

三年五月池州大雨水連夕青陽縣山水暴湧漂田廬殺人貴池縣亦水見宋史

四年六月池口鎮水漂民廬多溺死者見宋史

五年五月辛未石埭貴池縣皆水圮民廬溺死者衆見宋史

慶元三年銅陵鸂鶒化爲雉

嘉定七年池州旱蝗

八年春池州旱首種不入至八月乃雨見文獻通考

景定三年冬十月大水

元至元二十六年二月東流縣獻芝之四月甲子貴池縣民王勉獻紫芝十二本見元史志王勉作王逸馬志改正

大德元年池州旱八月水

二年水旱見元史

泰定三年饑見元史

天歷元年八月池州大水

二年大旱

至順元年閏七月銅陵大水

三年五月池州火見元史

元統二年青陽銅陵饑發米一千石及募富民出粟賑之見元史

至正十二年春三月池州雨物若果核閏月復雨舊志云三月十八日黑氣亘天雷電交作雨若果核者五色間出光瑩堅固破之似松子人訛以爲娑婆樹厥後州境有紅巾賊之禍

明洪武元年清溪口生洲

永樂元年飛蝗入池境

十四年七月大水壞民田廬

正統十二年青陽銅陵饑見兩縣志

十四年府學産紫芝一本

天順六年銅陵旱蝗見縣志

成化十四年夏池州旱無禾

十九年六峯石隕其年及二十年石埭俱旱饑見縣志

二十一年夏池州不雨

二十三年夏大旱饑冬十二月雷電

洪治元年池州大饑

二年銅陵大水

七年貴池青陽銅陵雨黑豆秋大疫

九年石埭大水出蛟壞民田廬

十四年夏五月池州大水壞民居府南門濟川橋圮知府祁司
員始改築於門之左焉
正德三年青陽銅陵旱
十二年夏大水銅陵建德東流皆出蛟壞民田舍秋大疫
十三年夏貴池銅陵建德東流大水
十四年冬訛言興
嘉靖三年春夏池州大饑疫
九年夏六月貴池山出蛟壞民田舍
十年冬十二月貴池銅陵石埭桃李華

十二年夏六月飛蝗入貴池銅陵石埭境

十三年夏六月池州大水出蛟壞橋梁

十四年春地震有聲如雷山谷震響江水盡沸其年大旱饑青

陽九華山竹生米民採食之

十八年夏六月池州大水

二十三年夏大旱至八月乃雨十二月雷震

二十四年春大饑夏大旱

二十五年春石埭水夏大饑歷山竹生實萬石民採食之

二十八年秋八月青陽大水壞廬舍傷稼

三十二年大水

三十八年冬桃李華

三十九年大水

四十年春池州地震水

四十三年冬石埭縣轆轤石鳴邑人湯希閔次年登第

隆慶三年六月貴池銅陵東流建德大風拔木傷稼穡

五年銅陵水東流旱

萬歷二年夏六月東流大雨出蛟人多溺死

七年池州大水

八年大水貴池銅陵建德皆出蛟山崩石裂平地忽湧水數丈

是歲大祲

九年大饑

十三年二月地震有聲府城裂

十四年大水銅陵圩田盡沒

十五年元旦雷大水

十六年旱

十七年旱大疫

十九年銅陵水

二十五年五月大水貴池西鄉出蛟平地忽湧水數丈石埭十一都山自溪北移至溪南

二十九年夏淫雨大寒銅陵圩田盡沒石埭轆轤石鳴桂應蟾登鄉薦

三十六年大水府城街市行舟貴池銅陵東流尤甚民大饑巡撫周孔教賑恤之賴以存活

四十年夏寒

四十一年大水清溪口生洲

四十二年銅陵建德水有鼠千萬羣從江北渡入境內食禾有大鳥如鸛鶩者來食鼠鼠遂絕鳥亦不見

四十三年建德水

四十八年石埭疫冬雷

天啟元年三月十四日青陽大風雹雨雹傾文廟

二年十一月池州地震

五年六月貴池興孝鄉大雨雹間下黑豆種之葉作刀劍形

七年夏貴池旱秋八月八日白龍現於相公墩

崇正元年夏池州大水稼不登

二年貴池興孝鄉民家豬生象銅陵民家生子皤首能言

四年夏四月石埭大雪傷麥

五年春三月東流湖出蛟水湧十餘丈壞民船

七年夏六月有鼠自江北渡入貴池銅陵境食田禾

八年秋八月貴池東鄉雨黑黍

九年夏銅陵水秋螟

十年十一年十二年池州各縣皆大饑民食白土

十三年春池口生洲夏水秋蝗民大饑青陽民一產四男

十四年春大饑夏大疫人相食

十六年貴池川竭銅陵民家豬產象產牛五足一足出背上

十七年貴池人訛言齊山有石妖

本朝
順治二年銅陵有鼉上銅鼓山
三年池州大饑十月初十日石埭地震
四年饑
五年春貴池大樓山石隕有聲如雷大剝阬民產人痢瘗之大饑夏六月建德山溪並出蛟大水
六年夏銅陵水傷稼石埭旱無禾
八年元旦建德地震夏貴池銅陵石埭大水
九年二月十五日池州地震江水盡沸二十六日銅陵又地震
夏秋大旱饑石埭轆轤石鳴是秋蘇汝霖登鄉薦

十年春正月貴池西南諸山鳴三日夏四月大雨雹冬十月二

十一日貴池地震二十四日復震

十一年元旦池州地震

十二年夏四月石埭大水

十四年夏六月石埭大水崩山決堤壞廬舍十月十三日地震

十一月雷

十六年七月十七日貴池興孝鄉地震有聲如雷自南而北

十八年池州旱

康熙元年春二月建德饑三月學宮枯木復生

二年秋池州大水城市行舟

三年夏閏六月石埭南山出蛟傷田舍秋旱

四年夏五月池州雨至六月二十日出蛟水溢十餘丈人多溺死者

七年六月十九日石埭地震七月雪

八年二月銅陵火

十一年東流麥生四穗

十八十九年旱螟穀湧貴

二十二年二三月貴池笥竹實如麥

二十三年池州水

三十年青陽縣民徐國樞百有三歲邑令旌之

三十二年三十三年池州旱

三十八年石埭學官古檜結毬大逾斗

四十三年七月石埭民章丹桂妻沈氏一產三男照例給賞米布

四十五年五月建德民陳霈之妻黃氏一產三男巡撫 題准照例給賞米布

四十六年春二月郡城雨荳五色不等其年夏旱十月初六日

水沸踰時是年三月建德民汪璧生妻何氏一產三男　題准

恩賞米布

四十九年石埭民舒作臣妻胡氏一產三男　題准

恩賞米布

五十六年東流縣民檀上元妻洪氏一產三男邑令給賞

五十七年青陽民施有禮年百有一歲邑令旌之

雍正二年石埭縣民谷應珍妻王氏年登百有一歲　題准

恩賞銀緞建坊貞壽之門

四年大水銅陵縣曹韓沙圍是歲邑人黄准發解

六年貴池縣民陳開生年登百歲 題准

恩賞銀緞建坊昇平人瑞

九年銅陵縣有虎入城

十三年夏旱湖水涸

乾隆元年大有年田有鼠不爲害

四年旱銅陵縣疫

五年六年皆有年

九年貴池縣蛟起漏水傷田廬冬銅陵縣桃李華

十年貴池縣民吴來盛妻葉氏一產三男 題准

恩賞米布

十三年貴池民張　妻　氏一產三男　題准

恩賞米布青陽縣民袁滚龍年登百有二歲　題准

恩賞銀緞建坊昇平人瑞

十四年夏烈風拔木蛟起水溢壞田廬人畜有溺死者

十八年郡東南山鳴田鼠叢生忽入水化爲魚

二十年秋七月螟虫生傷稼十一月木冰饑

二十一年春給賑　秋有年

二十三年郡西南鄉雨荳

二十五年秋田鼠叢生有赤鷹來食之鼠遂滅

二十九年夏大水市井行舟

三十二年大水民饑給賑詳大事記

三十三年夏貴池疫城鄉迎燈驅邪昭明神示夢飲廟傍井水得愈者甚多

三十八年夏四月蛟起水溢壞民舍橋堤

四十年秋旱飛蝗入境旋飛投於江

四十一年青陽縣民曹正送妻董氏一產三男　題准恩賞米布

四十二年貴池縣民孫全愷妻謝氏一産三男

天人之故蓋難言之然有顯而可徵者如銅陵之曹韓沙圓必發解石埭之轆轤石鳴必登科英才崛起而地靈先應可見氣機之感召爲不誣凡虎渡河蝗去境之類先必有以致之也惟星文掌於天官璧合珠聯之瑞本普天所共慶即偶遇薄蝕離次亦人皆見之非一隅所得記者故皆不載至若風雨氣候之乖偶成水旱而時和年豐歲居八九按籍而書使後有可考與夫百歲躋昇平之壽域三男著孕毓之繁昌化久則徵於斯可見爰比類而著之編

池州府志卷二十

（清）陸延齡修　（清）桂迓衡等纂

【光緒】貴池縣志

清光緒九年（1883）活字本

災異

陳

大建十四年七月江水赤如血陳書

宋

建隆間貴池犬化爲龍舊志是日風南晝晦有犬升木化龍穿山而去至今有穿山洞

咸平二年三月池州箭竹生米如稻文獻通考

咸平二年四月池州火燔倉米八萬七千斛宋志

紹興元年旱宋史

二年七月水府志

五年五月水文獻通考

十二年二月火見宋史及文獻通考

二十七年大水宋史

隆興二年七月大水浸城壞廬舍田圩軍壘舟行廛市累日入溺死者甚衆見宋史及文獻通考

乾道元年七月竹生穗實如米飢民食之知池州魯訔繪瑞竹圖并囊其實以上

按章服上疏劾訔以爲物反常則爲妖竹非穗實之

物是反常也竹生實則林必枯是妖也以妖爲瑞是罔上也況飢民有食糟糠者有食草根木實者食土之似粉者豈以是爲珍於五穀哉猶愈於死而已詧牧民顧使其民至此猶以爲瑞而獻之乎邪佞成風漸不可長疏上詧免官見陳龍川記

九年五月水流民居壞田圩宋史

淳熙七年大旱見宋史及文獻通考

十六年三月池口鎮軍屯牛狂觸人死宋史

紹熙元年旱見文獻通考

三年五月大雨水宋史

四年六月池口鎮水漂民廬多溺死者宋史

五年五月辛未水圯民廬溺死者衆宋史

嘉定七年旱蝗府志

八年春旱至八月乃雨文獻通考

景定三年冬十月大水府志

元

大德元年旱八月水元史

泰定三年饑元史

致和元年水沒民田元史文宗本紀

天歷元年八月大水府志

二年大旱府志

三年五月火元史

至正十二年春三月雨物若果核閏月復雨舊志三月十八日黑氣亘天雷雹交作雨若果核者五色閃出光瑩堅固破之似松子人訛以爲婆婆樹子厥後州境有紅巾賊之禍

明

永樂元年飛蝗入池境府志

十四年七月大水壞民田廬府志

成化十四年夏旱無禾府志

二十一年夏不雨府志

二十三年夏大旱饑冬十月雷電府志

宏治元年大饑府志

七年雨黑豆秋大疫府志

十四年夏五月大水壞民居府南門濟川橋圮知府祁司

員始改築於門之左府志

正德十三年夏大水府志

十四年冬訛言興府志

嘉靖三年春夏大饑疫府志

九年夏六月山出蛟壞民田舍府志

十年冬十二月桃李華府志

十二年夏六月飛蝗入境府志

十三年夏六月大水出蛟壞橋梁府志

十四年春地震有聲如雷山谷震響江水盡沸其年大旱饑府志

按閩人詮會華書院記是年林麓之竹結實數萬斛民采以食

十八年夏六月大水府志

二十三年夏大旱至八月乃雨十二月雷電府志

二十四年春大饑夏大旱府志

三十二年大水府志

三十八年冬桃李華府志

三十九年大水府志

四十年春地震府志

隆慶三年六月大風拔木傷稼穡府志

萬歷七年大水府志

八年大水出蛟山崩石裂平地忽湧水數丈是歲大祲府志

九年大饑府志

十三年二月地震有聲城裂府志

十五年元旦雷大水府志

十六年旱府志

十七旱大疫府志

二十五年五月大水西鄉出蛟平地忽湧水數丈府志

三十六年大水府城街市行舟貴池大饑巡撫周孔教賑恤之府志

四十年夏寒府志

四十一年大水府志

天啟二年十一月地震府志

五年六月興孝鄉大雨雹閙下黑豆種之葉作刀劍形府志

七年夏旱秋八月八日白龍現於相公墩府志

崇禎元年夏大水稼不登府志

二年興孝鄉民家豬生象府志

七年夏六月有鼠自江北渡入貴池境食田禾府志

八年秋八月東鄉雨黑黍府志

十年十一年十二年池州大饑民食白土府志

十三年夏水秋蝗民大饑府志

十四年春大饑夏大疫人相食府志

十六年川竭府志

十七年人訛言齊山有石妖府志

國朝

順治三年大饑府志

四年饑府志

五年春大樓山石隕有聲如雷大剗阬民產人痾[illegible]之大

饑府志

八年夏大水府志

九年二月十五日地震江水盡沸府志

十年春正月西南諸山鳴三日夏四月大雨雹冬十月二十一日地震二十四日復震府志

十一年元旦地震府志

十六年七月十七日興孝鄉地震有聲如雷自南而北府志

十八年旱府志

康熙二年秋大水城市行舟府志

四年夏五月雨至六月二十日出蛟水十餘丈人多溺死者府志

十八十九年旱螟穀湧貴府志

二十二年二三月筍竹實如麥府志

二十三年大水府志

三十二年三十三年旱府志

三十八年西鄉天雨紅如硃砂以盆盛之經宿不變采訪冊

四十六年春二月郡城雨豆五色不等其年夏旱十月初六日水沸踰時府志

雍正十三年夏旱湖水涸府志

乾隆九年四鄉蛟起傷田廬府志

十四年夏烈風拔木蛟起水溢壞田廬人畜有溺死者府志

十八年郡東南山鳴田鼠叢生忽入水化爲魚府志

二十年秋七月寒蟲生傷稼十一月木冰饑府志

二十一年春給賑秋有年府志

二十三年郡西南鄉雨豆府志

二十五年秋田鼠叢生有赤鷹來食之鼠遂滅府志

二十九年夏大水市井行舟府志

三十二年大水府志

三十三年夏疫昭明神示夢飲廟傍井水愈者甚多見府志

三十八年夏四月蛟起水溢壞民舍橋堤府志

四十年秋旱飛蝗入境旋飛投於江府志

四十八年水

五十年大旱

五十三年水通遠門水至府頭門外約五寸鍾英門水至縣學牆毓秀門水至皇殿內約八寸采訪冊

嘉慶五年水勘不成災

七年大旱

九年水

十九年旱官爲平糶

二十五年旱勘不成災

道光三年大水官爲平糶通遠門水至府署頭門外約五寸鍾英門水至縣學牆約五寸毓秀門水至皇殿門約八寸

五年六月初三地震以上采訪冊

以上滦志

道光十一大水通志

十二年春米價騰貴大疫采訪冊

十三年大水（通志）

十九年大水（通志）

二十一年秋大水冬大雪約深八尺河水皆冰（采訪冊）

二十五年疫（采訪冊）

二十八年大水（通志）

二十九年大水沒田廬人畜入市深丈餘（通志）

咸豐元年北沖口地忽陷成潭深數丈又山洪壞田廬

三年古薛村章姓牛生小牛一身兩頭

四年冬桃李華松樹生青蟲有絲食葉殆盡

六年旱

七年冬桃李華有鳥呼嗳喲聲聞數里痛慘不堪

十一年疫癘山裏人死無數冬大雪深七八尺河水成冰

松柏竹棗梓栗樹凍死

同治元年飛蝗蔽天食苗殆盡以上皆采訪冊

五年大水通志

又七月初八夜有星自西北墜於東南聲如雷初起光如索忽如椀如盆將墜大如車輪紺碧兼赤紫色光焰逼人

六七年梅村三聖廟前後田忽陷成潭水深不測歷年蛟洪頻發衝毀民房

七年大水九月十五日午時地微動以上皆采訪冊

八年大水通志

八九年開山多野豬遍食百穀民夜防守不堪其苦歷年蛟水衝毀田廬

十年六月落大雹小如卵大如拳樹木多拔

光緒二年冬落霰樹木多死

六年六月朔西南河蛟水高丈許溺人數百壞田廬無算

又西南鄉六月下雪片

七年七月彗星見於東北

八年大水天雨豆彗星見於東南以上皆采訪冊

以上新纂

（清）華椿等修　（清）周贇纂

【光緒】青陽縣志

清光緒十七年（1891）活字本

祥異

南齊書昇明二年臨城縣即今青陽獲紫芝一枝

梁天監十年冬十二月山車見臨城縣

宋紹熙三年五月山水暴湧漂田廬溺人

元元統二年饑

明永樂元年飛蝗入境

永樂十四年秋七月大水損田舍

正統十二年饑

成化十四年夏不雨無禾稼

成化二十二年夏大旱饑冬十二月雷電作

宏治元年大饑

宏治七年雨黑豆秋大疫

宏治十四年夏五月大水壞廬舍

正德三年夏旱饑

正德十一年夏六月盜殺檢校舍人時流賊三十一人由梅根突入青陽劫掠以去入石埭知府何紹正檄陸統民兵追之及楓澗橋盜殺之

正德十五年夏六月訛言

嘉靖三年春夏饑疫

嘉靖六年九華山叢竹結實延十餘里小者如米大者如麥中赤外青甘食如飴民賴以不饑見瑞徵集

嘉靖二十三年春三月雨雹殺麻麥大饑自四月不雨至於秋九月

嘉靖二十四年自五月不雨至於八月歲大侵虎白晝噬人自靈芝鎮達靑陽凡五十里虎患五月不息

嘉靖二十八年秋八月淫雨沿河壞廬舍損禾稼

隆慶元年冬十二月訛言興

萬歷十六十七十八年連歲大饑

萬歷三十二年賓陽門外民舍火災延及城樓並城內數十家

萬歷三十三年十一月二十八日晝雷夜電

萬歷三十六年江南大水靑淹亦數亥田衝去者十二三

天啟元年三月十四日晡後黑風雨雹有龍自西而東拔木折屋文廟東廡文昌名宦鄉賢各須臾傾僕

崇正十三年縣治南門胡愷祥之妻一胎生四子縣令贈扁額旌異

崇正十四年歲饉蝗入境縣令王化澄行撲之法蝗遂去

本朝順治十年東郊外有大鳥朱冠翠羽飛集杜氏庄門人逐之鳥與人格人遂殺之

康熙三十年徐國樞百有三歲李令以熙朝人瑞扁旌之

康熙四十二年王正瓚百有一歲奉旨勅建百歲坊

康熙五十七年施有禮百一歲王令以熙朝人瑞旌之

雍正二年倪啟明妻王氏百歲奉旨旌

乾隆十三年袁滚龍百有二歲題准

恩賞緞一疋銀十兩建

坊曰昇平人瑞

乾隆四十一年曹正送妻董氏一產三男題准

恩賞米布銀六兩

元至正甲辰年陳昌七妻李氏三男同產

明天啟年柯方甦妻葉氏百一歲十八都人

康熙四十二年黃德美百三歲十五都人

乾隆元年柯鳴國妻吳氏百歲六世同堂九都人

乾隆二十六年甯敦敵妻徐氏百二歲五世同堂十一都人

乾隆五十二年胡莊勝百歲

乾隆五十二年孫育英妻杜氏三男同產下圖人

乾隆五十六年何起鳳妻　氏三男同產下圖人

恩賜米布

乾隆五十九年何履謙五世同堂上圖人

嘉慶元年潘有志五世同堂十八都人

嘉慶元年洪應魁百歲下圖人

嘉慶二年施時均妻柯氏百歲十六都人

嘉慶二年監生施秉瑞百歲十六都人

嘉慶四年鮑學禮百歲十三都人

嘉慶四年史國楝五世同堂十一都人

嘉慶五年庠生施武魁親見七代五世同堂十六都人

嘉慶六年鮑梓謳親見七代五世同堂十三都人

嘉慶六年庠生陳德參九十二歲五世同堂十三都人

嘉慶八年劉成謙百歲八都人

嘉慶九年江宗禮五世同堂十七都人

嘉慶十年王永用妻江氏百有二歲

嘉慶十一年方從履五世同堂

嘉慶十二年何繩熙妻徐氏五世同堂上圖人

嘉慶十二年陳金壽五世同堂十三都人

嘉慶十四年何繩鳳妻施氏五世同堂上圖人

嘉慶十五年　恩賜翰林院檢討李菁百有二歲十一都人

嘉慶二十年劉成禮五世同堂八都人

嘉慶二十一年方炳虎五世同堂

嘉慶二十一年欽賜檢討吳世淑五世同堂

嘉慶二十一年史國標壽九十歲五世同堂九都人
道光二年吴名定五世同堂
道光二年朱德風五世同堂九都人
道光二年庠生柯振肆五世同堂九都人
道光三年監生施祠應五世同堂十六都人
道光三年施文魁百一歲十六都人
道光四年王延戊百歲
道光六年監生徐光華繼室杜氏五世同堂十四都人
道光七年庠生甯天拔五世同堂十一都人
道光八年職員徐瓊樹妻陳氏五世同堂十四都人享壽九旬

有七
道光八年劉成年百二歲八都人
道光九年陳煥章五世同堂
道光十一年恩賜副貢孫憲五世同堂
道光十二年孝廉方正陳蔚五世同堂十三都人
道光十四年江宗暐妻何氏百歲十七都人
道光十四年徐瀠妻陳氏百三歲十四都人
道光十五年陳允元妻施氏五世同堂十六都人
道光十六年曹星振百歲
道光十六年甘大適百三歲

道光二十年鮑萬一百一歲

道光二十一年大雪深七尺

道光二十二年吴柏齡百歲

道光二十二年春木竹潭一帶麥穗雙岐

道光二十五年江振聲五世同堂

道光二十七年監生孫世溶妻章氏五世同堂

道光二十八年秋桃李花開華如春

道光二十八年鮑庚盛百歲

道光二十九年仲夏彌月霪雨木竹潭水深數尺

道光三十年汗承貢百歲

道光三十年徐延琛親見七代五世同堂十四都人光緒十二年學憲祁奏　旌七葉衍祥額

咸豐二年監生陳拱宸親見七代五世同堂十三都人

咸豐三年監生李鳳鳴親見七代五世同堂十五都人

咸豐三年章金玉百歲

咸豐三年鮑神助百歲十三都人

咸豐四年陳家瑞百歲

咸豐六年何金韜妻沈氏百一歲

咸豐九年陳文舉百歲十四都人

咸豐十年倪南海五世同堂

同治二年王濛雨妻李氏百歲

同治五年監生王煥文妻江氏五世同堂

光緒十一年十五都烏家園土姓村前柏枝井夏月晨吐祥霧越數日有瑞花一本根浮萍上七葉一幹四花香聞里許又村前老桂樹盛夏開花數次冬至西南一幹開花尤盛秋如常

光緒十三年增生徐烋妻孫氏百二歲十四都人

補遺

湯文鳳　百四歲二十四都人

董有創　百歲二十四都人

鮑洪果　五世同堂十三都人

謝嗣宗　親見七代五世堂同十一都人

謝有德　百歲十一都人

謝君言　百歲十一都人

謝士薦　百一歲十一都人

謝元易　百二歲十一都人

謝尚饒　百三歲十一都人

鮑梓萬　百歲十三都人

陳家瑞　百歲十三都人

倪開之　妻王氏百一歲十九都人

倪國喜　妻吳氏百歲十九都人

賀懷章　百歲下圖人

章舜年　百歲十三都人

李一英　百三歲十一都人

登仕郎李天雲　百一歲十一都人

李鴻恩　百三歲十一都人

李尙陣　百歲十一都人

監生陳鳴泰　五世同堂十三都人

袁軒龍　百歲下圖人

袁鳳星　百歲下圖人

胡行五　百歲五世同堂下圖人

謝應光　百二歲十一都人
謝得福　百歲十一都人
陳之泰　妻何氏五世同堂十三都人
徐漢臣　妻章氏百歲十八都人
徐日輝　百歲十八都人
監生徐雲祥　五世同堂
監生錢　淇　妻董氏百歲八都人
王玉春　百三歲十五都人
施芳庚　五世同堂
林有訓　百歲十三都人

林懋大　百歲十三都人

鮑梓里　百歲十三都人

章萬年　妻陳氏五世同堂十三都人

劉豪正　百歲

劉成比　五世同堂

劉寶祚　妻曾氏百二歲

錢文溢　百歲

錢希孔　側室百歲

錢日文　百歲

錢貴祥　妻柯氏百歲

錢仲訑　百歲

錢貴桃　百歲

錢國連　百歲

羅元士　妻吳氏百四歲

羅羽青　百歲

羅待寸　五世同堂

羅允三　妻丁氏百二歲以上八都

張煥林　妻鮑氏百一歲七都人

林大茂　百八歲七都人

鄭承倬　妻劉氏百二歲七都人

盛世不言祥異然五行所感六氣所沴水旱螟螣切於民事軫恤必先焉至多男誌慶壽考徵祥皆我朝休養生息之所致絕不類祥桑嵩呼之附會也

（清）曹夢鶴等修　（清）孔傳薪、陸仁虎纂

【嘉慶】太平縣志

清光緒三十四年（1908）真筆版重印本

太平縣志卷之八

祥異

載稽洪範休咎有徵五行迭運六氣相乘天道實遠人事可憑爰及誕異存而不論志災祥

唐寶應元年奸民王萬敵聚衆爲亂詔太子庶子袁傪充江淮招討使平之因析麻城鄉置旌德縣

元至元十九年四月寧國路太平縣饑民採竹實爲糧活者三百餘戶

至元二十七年奸民葉大五倡亂率百餘人寇寧國官兵並擒斬之

至元二十九年閏六月寧國等路大水民艱食大德元年二月以

糧二萬石賑寧國太平

至正二十年紅巾賊犯境邑人杜信牧率義勇三千人追戰龍門

嶺賊奔潰

明成化十年大旱

正德三年大旱道殣相望

正德七年流賊劉七掠江洋又石埭土寇起邑民騷動

嘉靖元年大饑黃山竹生米人爭采食

嘉靖十年飛蝗食禾稼

嘉靖二十三年二十四年二十五年皆大旱斗米銀二錢知縣劉

元凱發賑民賴全活者甚衆

嘉靖三十八年盜百餘人自涇縣徑入紘歌鄉郭村刼燬民居掠

西鄉踰龍門鄉而散

隆慶元年處州礦賊四百餘人摩邑城盤據絃歌鄉旬餘焚刼殆甚居民禦敵者陣亡數多知縣林紹率士民晝夜禦之是冬民間訛言采宮女嫁娶霎盡

隆慶二年諸山蛟發漂没田廬甚多

隆慶六年涇縣妖人董代倡異教惑衆邑有無知信附者知府王嘉賓並捕滅之

萬歷三十六年大水黃山暨境內諸山並發蛟田地衝漲不計其數

天啟七年春太平縣有巨星橫飛肅肅有聲自歙界踰黃山至西西鄉忽作霹靂響而没四月大璫魏忠賢遣官踹驗黃山一邑

騷動

崇禎十四年歲饑黃山竹生米人爭采食

國朝順治三年西鄉有羗兵者官兵入勦婦女以貞死者八人

六月池陽潰兵流刼石埭界連紘二生員李雲翼李永興率鄉民守禦夆遁去

順治十七年三月溪頭雨血以衣承之作赤色

六月郭村飛雪

康熙二年七月慶雲見

康熙八年夏五月辛酉晦六月朔連日大雨邑諸山發蛟平地水丈餘漂民居壞橋岸人畜溺死無筭

康熙辛未歲泮池東產麥二叢一莖三穗學博粱谿倪雝梧作記

爲圖並鐫諸石以記其瑞

康熙戊子己丑間洛家橋周氏祖墳前松間每晨有彩雲居民常見之及壬寅重建 文廟周玏松一株爲前步正梁

康熙四十六年地生羊毛末有黑類火之臭亦仝

康熙四十七年戊子五月二十一日蛟水大發沿河居民田地墳墓損壞無算未幾大疫復多虎患

康熙五十七年戊戌六月大旱二十五日夜忽驟雨發蛟溪水橫流傷人及田地視戊子猶甚是月絃歌鄉大雷雨有一大山飛來加於小山居民房屋人口盡壓山間僅留一牧豎

乾隆十三年 文廟丹墀桂樹旁産芝之草

乾隆十四年四月雨雹大者如杯

乾隆十六年十月甘露降於　文廟東竹上

乾隆十八年五月二十五日夜大雨黃山暨邑諸山並發蛟水驟漲衝決廬舍厝棺田地較甚於戊子戊戌傷人一百四十餘口被災道泰望仙二鄉爲重傷人尤在望仙溝村黃山蛟紋如織不可勝數

三十四年大水米價騰貴民多掘觀音粉並挖蕨根作粉食之

三十八年四月廿四日大水蛟發衝毀石橋漂沒田地民舍無算

五十年大旱米升錢五十道殣相望賑之明年繼旱　縣册

嘉慶元年麥大熟秋歲大稔

五年六月十九日大水漂没近河田廬壞橋路無算

七年秋大旱緩徵錢糧　縣册

陳惟壬等纂

【民國】石埭備志彙編

民國三十年(1941)鉛印本

大事記稿

邑人 倪文[illegible] 蘇貽[illegible] 編輯

太史公作史記於世家紀傳外删繁撮要列爲十表以概括之所以便瀏覽焉我石埭[illegible]始置縣茲略師其意就史之可考及事之有徵者自漢迄今分年紀事使本縣之政治沿革人文盛衰於以約略可覩埭本巖邑地瘠人稀雖不著於世而傑出之士亦代有其人隋之左雖當唐之桂仲武宋之丁黼王銘明之畢鏘皆見諸記載清之沈衍慶陳鑾舉平生事蹟宣付史館立傳陳艾亦列傳於安徽通志此外如桂含章之羽翼經傳周穀之學說楊文會之佛學皆其最著者曾文正公與陳楊諸公相知最深有石埭多君子之語自茲而後願邑人保存其忠正耿直之秉賦發揮其瑰奇浩博之學術以繼往而開來編者此作遺漏舛誤在所不免所冀邑之賢達多所匡正俾成信史尤所欣企也

漢

武帝

元封二年壬申始析涇縣西境地置縣於陵陽山麓曰陵陽縣即今之石埭也屬丹陽郡封

劉嘉爲陵陽侯

元封年間竇子明號伯玉沛國銍縣人爲本縣令獲白魚剖之得方書明服食之法遂以石爲鑪具采五石脂以益烹煉三年丹成於中元日上昇事見劉向列仙傳

光武

建武三十年甲寅丁琳徙封陵陽侯子鴻襲

獻帝

建安三年戊寅冬十二月曹操殺呂布以孫策爲討逆將軍封吳侯策自將討祖郎於陵陽

禽之

建安二十一年丙申鄱陽民尤突受曹操印綬陵陽始安涇縣皆與突相應賀齊陸遜討破突丹陽三縣皆降封周泰爲陵陽侯泰卒子邵襲邵卒弟承襲

三國

吳赤烏中置石埭縣以縣西有三巨石曰頭埭中埭三埭皆橫臥溪中鎖漣溪鴻陵溪管溪三水不通舟楫故名

晉

武帝

太康二年辛丑本縣屬宣城郡

成帝

咸康四年戊戌避杜后諱陵改陵陽爲廣陽

梁

武帝

大同十年甲子以場置石埭縣（按石埭在漢爲陵陽在晉改名廣陽隋始省入涇縣則梁時廣陽未廢不應更立石埭舊志據南畿志謂本漢陵陽石城涇縣地三國吳置石埭場梁因置縣隋省入南陵恐有誤）

隋

文帝

開皇九年己酉廢宣城郡置宣州石埭省入涇縣（文碩按舊志作省入南陵秋浦查隋書地理志宣城郡統縣六又在涇之下註云「平陳省安吳南陽二縣入焉有蓋山陵陽山

」等語而萱山陵陽山現均屬石埭其稱廣陽爲南陽者當爲煬帝時避諱之改名而隋書仍之則當時應爲省入涇縣矣再查平陳之年爲開皇九年正月共得州三十郡一百縣三百故書其年於此）

煬帝

大業九年癸酉民苦隋政暴虐績溪汪華關杜伏威竇建德爲亂亦起兵逐宣歙徽饒等六州牧而據其地時埭屬宣今縣東三里之華村即紀念華之名者或曰華村即歙州城也

大業十三年丁丑境内盜起人不自保汪華死衆推左難當據涇號總管鎮其地難當與竇建德決勝東草積放置中流制敵遂號溪曰積溪復築城兩重於陵陽山前衆以其有功猷號曰猷州

唐

高祖

武德初左難當以地歸獻

武德三年庚辰復置安吳南陽二縣置猷州於縣東三里之華村八年廢

武德六年癸未詔授左難當宣城大都督九州刺史宣慮二司節度使封戴國公食邑三千戶十一月舒州總管張鎮州擊輔公祏將陳當世於猷州之黃沙大破之

武德七年甲申二月輔公祏遣兵猷州刺史左難當嬰城自守安撫使李大亮引兵破公祏壬子行軍副總管權文誕破公祏之黨于猷州拔其枚洄等四鎮

太宗

貞觀十三年己亥三月左難當薨敕葬本鄉松子嶺今改屬太平縣地

貞觀十四年庚子左難當子紹齊加都督襲戴國公孫仲明官都督襲父爵

武后

垂拱三年丁亥宣州申奏左氏祖墓有紫氣

神龍元年乙巳削左氏爵左難當第三子紹本裔居石埭

玄宗

開元初敕州縣鄉置一學擇師教授杉山國清禪師有戒行屢詔入朝不赴因割三鄉稅租以贍僧衆置倉輸納至今地名貢口溪名貢溪

天寶年間詔訪海內名山福地石埭得列在內故敕於陵陽山建仙壇宮

代宗

永泰二年丙午元和郡縣志載是年洪府都督李勉奏割秋浦青陽涇三縣於吳所置陵陽

城置石埭縣（文頎按代宗永泰元年爲乙巳翌年丙午即改元大曆不當有永泰二年故張士範池州府志作永泰元年）並置池州石埭屬焉

穆宗

長慶中邑人七里桂仲武立平寇功爲福建團練使營管經略或云爲邕州觀察使又爲安南都護

文宗

太和六年壬子桂仲武薨於閩劉禹錫有文祭之

懿宗

咸通年間沈裕任本縣令遂家於石埭

僖宗

乾符六年（己亥）黃巢陷宣歙池等州宣池刺史查岳字具瞻守宣池二郡力拒黃巢及浮川敗績闔門義死本縣七都查城里爲岳死節地諸沈聚族賴以保障曾立忠惠祠祀之至今甲子嶺名卸甲嶺者相傳即岳拒黃巢於此卸甲故名

中和元年（辛丑）賊王仲隱自秋浦之赤嶺寇祁門赤嶺今隸石埭爲通祁門要道

光啓二年（丙午）當黃巢作亂時兵據黃村阪邑人桂盛在七里作鄉磏路與里人設險禦之女金釵遇賊不屈投井殉節至今猶名金釵井（姚志載和州藏移孝考云鄉磏路在七里爲故縣北門晋宋六朝北道在大溪之東車馬交通從秋浦達池州由黃溢至樅陽皆此一衣帶水唐僖宗光啓二年黃巢作亂里人桂盛恐東道易於馳突改道從西憑險可悶上峭壁下急湍旅人側足而過）

昭宗

大順二年辛亥邑人杜荀鶴登進士

景福元年壬子孫儒屯陵陽楊行密擊走之

景福二年癸丑邑人杜荀鶴登榜眼官至翰林學士知制誥

五代

年代待考西峯祖師童年薙髮南安崇明寺即著靈異後至蓮花峯及杉山隨地卓錫湧泉

便民灌漑至今遇旱人民猶奉祖師祈雨（據舊志載八九都赤嶺口之西峯庵係宋朝

西峯祖師開建云當在宋初之時）

宋

本縣設知縣及尉各一人餘無考自京朝幕官而出者則稱知縣餘仍稱縣令

太祖

開寶四年辛未宋滅南漢李後主大懼遣弟從善上表于宋請去國號改印文爲江南國主

時南唐奄有安徽之淮南及江西福建等地

開寶七年甲戌宋遣曹彬水陸並進取池州以昇州之銅陵青陽並屬之次年十一月金陵城陷南唐李後主肉袒降于軍門　先是南唐時升池州爲康化軍轄貴池建德石埭三縣尋復爲池州

太宗

太平興國三年戊寅東流縣原屬江州至是改隸於池州州又隸於江東路

太平興國五年庚辰縣治西三里萬春山建崇壽寺後遷於縣西門改爲祝聖道場南安崇明寺金城山開福寺均賜額

淳化元年庚寅邑人左嘉善（左雝嘗第十六世孫）以鄉貢士辟爲御史

淳化五年甲午邑人左竭忠（左雛當第十七世孫）薦鄉舉歷任汝南知縣

眞宗

咸平二年己亥邑人左觀國授諫議大夫

仁宗

慶曆初始詔天下州縣皆立學由是歷代相沿不廢

皇祐四年壬辰遷萬春山崇壽寺於西門之迎恩橋爲祝聖道場並賜額焉即今之孔廟址

英宗

治平元年甲辰八九都福慶寺十二都明覺寺饒益寺均賜額

神宗

年待考邑人華村孫茂恭仕於朝一門同仕者十八人

熙甯八年乙卯大旱八月城內楊家井成井欄上有陳仕會篆文今猶存

哲宗

元祐九年甲戌僧處評在蓮花峯頂闢山建海獅庵至致和末年琳宮燿燦設像端嚴

高宗

建炎二年戊申宜興人沃彥以鄉貢進士任本縣令

紹興元年辛亥邑人桂宗振修道於金城洞煉氣服食端坐而化清香滿野

紹興八年戊午邑人王鎡登進士仕至右司員外郎兼直學士院侍講

紹興十七年丁卯邑人王瀫（鎡長子）登進士仕至朝奉大夫成都轉運判官　敕賜舒姑廟額爲顯濟在縣南二十里古涎溪之旁蠶山之下先是前漢蠶山之下有舒氏三女過桃從淵出分食之忽坐化其母爲絃歌招魂有朱鯉一雙游泳來迎故名化鯉溪並更涎

溪爲舒溪

年待考邑人三都曉山夏賢貴位至大將軍居京師敕於里居迎恩橋建第（即今城內夏家巷）夏氏世居蓋山之下橋梁園館甲於一時即今之夏村

孝宗

淳熙十四年丁未邑人丁黼登進士（文碩考舊縣志以是年爲乙酉兹從辭源之附錄作丁未）（文碩又考黃宗羲著宋元學案列丁黼爲徐誼門人於卷六十一徐陳諸儒學案中謂黼大父執中徐州人南渡後徙爲戰地卜居青陽尋遷石埭父泰亨宿儒也自教之黼氣竦神悟誦言觀行遂爲徐文忠門下第一忠肝義膽霜明玉潔足以廉頑立懦眞端人也等語此爲宋史及縣志所闕略省志稿列傳已據以訂正特補記于此）

寧宗

嘉定七年甲戌邑人貢溪桂大受登進士

嘉定十六年癸未丁黼被召赴行在累官軍器監數上封事言大臣不法事累遷累黜以直秘閣知信州吉州皆有聲眞德秀爲江西巡撫薦之詔遷提刑尋充四川夔州路安撫使兼知夔州時崔菊坡方帥四川聞黼至喜贈詩所謂同志晨星少孤雲暮雨多者也黼蒞夔疏上十事夔大治乃以右文殿修撰充廣西副制置使守靜江

理宗

寶慶二年丙戌桂大受授迪功郎後復爲本縣尉（張士範池州府志作寶慶三年）遂遷縣治於七里以四面皆山故不立城郭因掘珠嶺爲東門南山爲南門處嶺爲西門御礤路爲北門越六年致仕後任復遷縣治于陵陽山之下

端平三年丙申丁黼爲四川制置使兼公部侍郎殉難於成都府（文頤考宋史列傳忠義

九及宋元學案均作嘉熙三年與後贈謚立廟年代不符史有誤)

嘉熙元年丁酉詔贈丁黼光祿大夫顯謨閣大學士謚恭愍即鄉邑立廟祀之　桂大受卒

葬蛾眉山即宅下

嘉熙二年戊戌五月丁恭愍公祠落成於山川壇之東賜額曰褒忠其子姪輩一時皆仕於

朝明嘉靖十八年丁珵始遷祠于四都故居時祠內附有丁公書院(祠碑記)

開慶元年己未邑人楊績登進士仕至四川成都府知府

景定五年甲子東流縣進士章文子捨鐘一口於掘珠嶺饒益寺今存

元

縣設官差一員即「達魯花赤」以蒙古人任之號爲監邑主掌印務又縣尹二員漢人任之

號爲司判正官掌縣事又教諭一員餘無考·

世祖

至元二年乙丑（即宋度宗咸淳元年）軍兵營寨於海獅議毀寺里人湯致政輸錢三十貫（時每貫值銀一兩四錢二分八厘六）得免（海獅古蹟碑）

至元十四年丁丑改池州爲池州路總管府屬江浙行中書省江南道宣慰司

成宗

大德四年庚子忻都任石埭達魯花赤時承舊制歲輸秋苗二萬八千担解府上下山阪所費不貲忻都請於當道改爲輕齎民便之立宣化碑以頌德

英宗

至治元年辛酉邑人儲礎登進士授贛州倅

順宗

至正十一年辛卯十一月趙普勝周驢等據池陽太平諸郡江西省平章政事星吉募兵趙銅陵克之擒周驢遂復池州分兵攻石埭諸縣

至正十二年壬辰縣衙內製錦亭懷仙樓均燬於兵

至正十三年癸巳三月十八日黑氣亙天風雷大作雨物若果核閏月復雨郡中爲甚青陽次之本邑又次之詢其實食之似松仁時陳友諒寇池州郡邑受害之慘其甚與不甚猶雨核之狀咸以爲上天示警之驗

至正十七年丁酉明太祖以池州尚未攻克將石埭權隸宣州

至正十八年戊戌二月李文忠進取青陽石埭太平旌德皆下之　四月陳友諒寇池州僉通海尋復池州　趙德勝略石埭擒友諒將錢清

至正十九年己亥三月陳友諒遣將寇甯國太平縣明胡維庸等擊敗之復寇青陽石埭張

德勝戰走之

至正二十一年辛丑明太祖平池饒　十月以石埭屬池州改池州路爲池州府（八月改九華府嗣復稱池州）編戶一十三里維時二都境鼓山東隅凡竹葉皆生白鹽居民每日拭取食之陵陽山下有泉一竅湧出田中味甚鹹居民煎成鹽至今猶以鹽濤圻名田

至正二十四年甲辰明太祖稱吳王邑人一都胡慶以百戶從征屢著戰功授江南都指揮使鎮守石埭縣食邑三千戶保障一方

明初年待考七里地屬漢明太祖遣將劉謙討之邑人桂一季率鄉兵爲先鋒戰死贈衞鋭舍人

明

本縣設知縣縣丞（後裁）主簿（裁革成化十九年知府常顯奏復嘉靖十年仍裁）典史儒

學教授各一員訓導二員（正德年汰存一員後復）廪膳增廣生各二十名附學不置額陰陽學訓科（陰陽生六名）醫學訓科（醫生一名）僧會司僧會道會司道會各一人吏戶禮兵刑工各司吏一人典吏一人承發司典吏一人儒學司吏一人

太祖

洪武元年戊申陳霖任本縣知縣時學宮因元末經兵燹不存續建之　八月建南京罷行中書省本府直隸南京省

洪武三年庚戌知縣陳霖創建察院行臺於紫薇坊東

洪武五年壬子知縣尹安甃砌街衢疏通溝道建立坊巷民始復業先是城內因兵燹守禦官盡將街磚揭砌牆垣人民離散自是相繼區甃本城爲大街者二小巷者十五復有沿溪街市貨客貿易頓盛察院落成續建學宮堂齋門廊復建城隍廟遷顯濟廟於金城山

龕今爲三聖祠明清二代每歲九月九日致祭列祀典焉

洪武六年癸丑知縣尹安創建府館三間於縣急遞鋪之西

洪武十四年辛酉秋大水壞民田

洪武十九年丙寅先是在縣治東有三皇廟以醫學立至是廢

洪武二十三年庚午一都谷瑢領鄉薦官至知州

洪武末年知縣孟常一意撫字祀名宦

成祖

永樂三年乙酉坊市陳琳領鄉薦

永樂五年丁亥十月十五日帝因仁孝皇后崩逝諭天下僧衆赴會本縣揭珠嶺饒益寺僧

與焉

永樂六年戊子十一都胡寬領鄉薦官至興國知州

永樂二十一年癸卯二都章程領鄉薦官至常德府學教授

英宗

正統九年甲子敕旌四都楊時遇上五都方守仁爲義民先是邑大饑守仁出穀二千五百石時遇出穀一千五百石助振有司以聞賜敕獎勵

景宗

景泰七年丙子坊市陳廷節領鄉薦

天順三年己卯二都章廷珪領鄉薦

憲宗

成化元年乙酉一都李廷璋領鄉薦

成化二年丙戌李廷璋登進士官至雲南按察司副使

成化七年辛卯八九都吳必顯領鄉薦知縣徐旻去年到任修葺學宮今成殿廡門牆堂齋號舍煥然一新旻在任九年邑人曾立忠良祠與尹安同祀焉

成化十九年癸卯大旱

成化二十年甲辰大旱饑知縣蕭環來任事

成化二十二年丙午十二都張輝領鄉薦

成化二十三年丁未吳必顯登進士官至長沙知府　是年於城子山前創建紫潭書院知縣蕭環因治南民田連兩旱不秋乃於洪口築堰一處鑿溝約三里兼濬舊溝交流上下民賴其利至今以蕭侯名陂

孝宗

弘治元年戊申歲大饑先是本縣原有縣前急遞舖及博山急遞舖（在琉璃嶺博古橋下）

知縣蕭環詳准增設夏村與售口兩急遞舖舍以速郵傳均於三年建成

弘治三年己酉邑人李宅與孫辭建柳村石橋後爲溪水衝圮今猶僅架木橋

弘治四年庚戌張輝登進士官至福建按察司簽事

弘治五年辛亥知縣蕭環因新城隍求雨驅虎均有驗於廟內建感應亭一所

弘治九年丙辰大水出蛟壞民田廬

武帝

正德五年庚午坊市陳纘領鄉薦官至武昌府同知

正德六年辛未歲大有

正德七年壬申夏流賊劉七劫掠江中邑人震恐已而有土寇之變無辜罹殺戮者甚衆

先是三年前曾有彗星見於西方　冬間訛言雞犬爲祟屠之殆盡

正德八年癸酉坊市陳永芳領鄉薦

正德十一年丙子二都章琥領鄉薦官至北京國子監學錄

正德十四年己卯宸濠太祖第十七子寧王權之裔時武宗無嗣遊幸不時宸濠久覬覦王位遂反敗後被殺于通州犯安慶江洋騷動邑有勤王之役旋即罷之

世宗

嘉靖三年甲申邑人陳琢輪貲協助建政通橋橋在琉璃嶺下之夾溪舊名夾溪橋原址當水勢之衝易以崩圮至是遷於上流石壁間即今之博古橋民國廿四年築省屯公路折橋改建

嘉靖五年丙戌二月申明鄉約先是洪武禮制每里設立里社壇場一所就查本處淫祠寺

觀毀改爲之每里長一人於春秋二社讀抑强扶弱之約文於里內選有齒德者一人爲約正有德行者二人副之依鄉約置戶籍二扇或善或惡各書一扇月朔一會是爲鄉約公所凊代仍之惟名存實亡已失眞意

嘉靖十年辛卯十二月桃李華雷鳴

嘉靖十一年壬辰夏飛蝗入境遮蔽天日傷禾稼

嘉靖十四年乙未遷儒學於西門外崇壽寺(即祝聖寺)暨文孝五顯二廟址並即以舊學建寺

嘉靖十五年丙申天童和尚來杉山戒行精嚴從遊者衆

嘉靖十九年庚子七月朔日食無光六畜驚走漸瞑如黑夜行人莫辨久之始復明

嘉靖二十年辛丑先是社學在城隍廟左設教讀一人今改建縣南舊學明倫堂後知府何

貢卿修府志更學名曰長林書院

嘉靖二十二年癸卯坊市蘇檢一都畢鏻領鄉薦

嘉靖二十三年甲辰畢鏻登進士第五名　大旱自四月不雨至六月始雨十二月雷電

嘉靖二十四年乙巳春大饑夏又大旱民益饑死

嘉靖二十五年丙午春多雨夏大饑秋僅熟八九都歷山竹生實可萬石民皆爲食有星自西南半空流墜有聲火焰散碎入地　春杉山天章和尚先期三日下山辭檀越返山别偕衆沐浴趺坐而化

嘉靖二十六年丁未本縣於成化年間始創縣志至是重修

嘉靖三十一年壬子坊市陳遠見七都沈宗杲十二都彭時中同領鄉薦

嘉靖三十二年癸丑畢鏻襄試南宫旋遷浙江督學陞湖廣左布政歷任南京户工吏三部

尙書北京戶部尙書年七十告休帝存問者三卒贈太子太保謚恭介繇與海瑞立一條鞭徵賦之法江南至今稱便本縣之無漕糧亦自繇始

嘉靖四十年辛酉坊市湯希閔八九都桂伊領鄉薦

嘉靖四十四年乙丑湯希閔登進士仕至戶部郎中

嘉靖四十五年丙寅先是本縣舊設土城前後濱溪爲門者十東門小東門西門正南門號秀門小南門南門正北門西北門東北門本年始相地定基用磚築城爲門者五東曰來甯西曰金城南曰儀鳳小南曰清舒北曰望華城樓五東西水關二

穆宗

隆慶元年丁卯四都章應奎領鄉薦

神宗

萬曆四年丙子二都施大用中武舉

萬曆七年己卯七都沈國興領鄉薦坊市陳一璣中武舉

萬曆十年壬午二都唐斌十二都彭時來中武舉

萬曆十六年戊子二都唐文耀中武舉

萬曆十九年辛卯八九都桂希呂中武舉第一名

萬曆二十三年甲午桂希呂領鄉薦第二名坊市桂一篪中武舉

萬曆二十四年乙未桂希呂登武進士

萬曆二十五年丙申夏五月十五日始大雨二十二日晝夜如注二十五日平地水高四丈衝入東南城闕四野盡成江河八九都山崩水溢故道無存積屍橫野廬舍漂沒十一都溪北一山約六七畝飛越溪南壓死男婦十四五人山上樹木如故

萬曆二十八年庚子 坊市桂應蟾領鄉薦仕至衡州府推官治獄詳慎修葺湘江中鼓山書院以課諸生 二都蘇萬民中武舉

萬曆二十九年辛丑 夏六月大寒人盡衣棉深山積雪不消至七月始熱八月大熱時吳越及大江南北無不病者

萬曆三十一年癸卯 一都金文光中武舉

萬曆三十二年甲辰 知縣熊應煌再修縣志 金文光登武進士崇禎初以平江西九連洞寇功擢授總戎不赴明亡隱居古一山著有古一山集

萬曆三十五年丁未 大水

萬曆三十六年戊申 大水平地丈餘魚鱉入室沿溪田廬牛畜漂沒殆盡巡撫周孔教多方振恤

萬曆四十三年乙卯坊市蘇來遠中武舉

萬曆四十五年丁巳江北鼠啣尾渡江月餘千萬爲羣散去各邑食禾稼池屬多有

萬曆四十八年庚申大疫秋西方彗星見大如斗拖白尾數十丈

光宗

泰昌元年庚申秋九月朔日申時日食無光星晝見

熹宗

天啓元年辛酉冬十一月大雪連晝夜至次年正月十六日始止民饑死者衆

天啓二年壬戌十一月地震

天啓四年甲子邑人在北京前門外大蔣家胡同大席胡同創建石埭會館　冬十月雷

天啓六年丙寅秋八月飛星大如箕西北來東南去聲如雷有流光濆落如火燄九月十六

日夜半一星漸入月中無影

思宗

崇禎四年辛未 夏四月大雪損菜麥

崇禎六年癸酉 坊市桂仲中應天解元仲母歿廬墓旌表孝子　蘇瓊領鄉薦　十二都舒章武舉副榜選入將材巡撫史可法調征流寇有功　時徽饒池土寇遙起創辦團練招撫三郡連壤得以安堵

崇禎七年甲戌 蘇瓊登進士官至太僕寺卿祀鄉賢　夏六月田鼠自江北浮渡而南傷稼

崇禎八年乙亥 史可法分守池州太平時李自成張獻忠等分擾河南安徽各地盧象昇以可法爲副使分巡安慶池州可法破賊于潛山

崇禎九年丙子 可法進駐太湖擢爲右僉都御史巡撫安慶廬州太平池州四府　冬無冰

崇禎十年丁丑六月熒惑入南斗經兩月

崇禎十二年己卯江南訛言祀竈郡邑如狂

崇禎十三年庚辰四月大霜如雪菜麥俱死八月飛蝗蔽天

崇禎十四年辛巳春大饑病疫死者相枕籍時江南等處薦饑

崇禎十五年壬午夏蝗　坊市陳自勵一都陳邦簡領鄉薦

崇禎十六年癸未元旦冷風淒慘黑霧迷七日始止

崇禎十七年甲申春太白經天歷數月　清兵入北京福王即位於南京改元弘光

清（官制與明代同）

世祖

順治元年甲申（即崇禎十七年弘光元年）三月十九日李自成陷京師明思宗自縊於煤

山梓宮出東門邑人湯文瓊布衣慟哭書其紳以文信國爲志觸梓宮死　程九萬諭知池州府左夢庚由東流以兵攻池州九萬死之　十月清自瀋陽遷都北京

順治二年乙酉五月清豫王多鐸破南京始下薙髮令　七月邑人武舉桂一姿陳善曾天寧等率鄉勇隨吳應箕起義白洋河抗清兵於池州兵敗應箕被執死一姿善天寧等率兵由曹村退龍巖八月十二日清池郡守馬宏良(張自昌)(嗣復本姓名)率總鎮追至龍巖一姿善天寧等戰歿於地徽總兵于永綬欲屠焚七都沈氏幾至戮族賴宏良委曲保全沈氏立生祠以祀之二十八日自昌至城中張榜安撫委楊可建攝縣事下令薙髮除明季加派三餉石埭自此始入清室版圖　九月邑人畢永懋不屈投河遇救兇爲僧入陵陽山終其身不履城市其他如楊其仁登樓不下陳美逝入黟山恥事清廷者各姓都有　唐王朱聿鍵稱帝福州改元隆武

本縣編定徭役共一千五百八十八戶一萬零一百十八人男六千七百零六人計成丁三千六百四十九人不成丁三千零五十七人婦女三千四百十二人奉文編審除豁免亡人丁七百四十九人外實編二千九百丁又除優免五百四十八丁每丁徵銀三錢五分五厘九毫七絲一忽七微六纖九沙五塵五埃

順治三年丙戌 邑人桂有烇殉唐王之難於江西撫州（乾隆四十年追謚節愍） 八月邑人陳暄李元騏領鄉薦 全邑大飢邑人蘇際颺首捐穀倡振災 十月初十日地震

順治四年丁亥 頒大清律制編戶口法十戶立牌頭十牌立一甲頭十甲立一保長戶給印牌書其姓名出入詰其往來寺觀旅館一體頒給凡買田地房屋增用契尾每兩輸銀三分

順治五年戊子 夏村蘇汝霖領鄉薦 旌孝子周邦綉（上五都四甲）

順治六年己丑歲饑邑人胡汝淳首捐穀二百石以備賑　廢江南省爲江蘇安徽兩省安徽領府八直隸州五石埭等六縣仍隸於池州府

順治八年辛卯頒均田法將全縣田畝六萬一千八百餘畝融均五百六十畝爲一甲抱彼注此平均擔負民無偏累　十三都舒雲龍陳聖典中武舉

順治九年壬辰蘇汝森登鄒忠倚榜進士　訓導顧言集合邑紳士講學於陵陽書院刊道學正宗　始置馬田以養驛馬由部頒銀四百五十一兩七錢四分二厘五毫八絲購田一百畝零三分八厘餘至是里甲可免津貼之累

順治十四年丁酉知縣高騤升重修文廟　閏六月大水　十一月雷鳴　十二月十三日地震　邑人七都沈德毅中武舉

順治十六年己亥明將鄭成功由崇明入江抵金陵張煌言別取徽寧諸路東南大震民恩

反清石壕祇嚴

順治十七年庚子知縣王太初重修文廟竣工　邑人曾元升中武舉　嚴禁士子結社集會　春四都境內有虎始食一僧相繼食一百八十餘人

聖祖

康熙元年壬寅考試停止八股文

康熙二年癸卯七都沈鳴珂中武舉

康熙三年甲辰邑人沈德馥登武進士　次年仍用八股文取士并免順治以前逋賦

康熙五年丙午七都沈德馥中武舉是年武科新例頭場試策五道二場試四書論經論各一篇

康熙六年丁未二月知縣姚子莊條陳錢糧六弊六法釐革舊弊以歸劃一至今稱便　沈

鳴珂登武進士

康熙八年己酉 歲饑邑人湯懋隆桂友義等首倡捐穀備振并捐鉅貲新建尊經閣 七都

沈德智中武舉

康熙九年庚戌 沈德智登武進士

康熙十一年壬子 秋大旱冬十二月姚子莊傾貲賑放至次年四月始止民多德之 是年

頒聖諭十六條立碑於明倫堂 次年癸丑廷議撤藩徵調頻仍吳三桂以雲南反 邑

人蘇汝霖任廣西提學十九年同京

康熙十二年癸丑 坊市桂自錦七都沈德藩十一二都紓立誠中武舉

康熙十三年甲寅 沈德藩登武進士

康熙十四年乙卯 姚子莊重輯石埭縣志八卷 五月子莊上詭糧新安衛丁地保火夫封

船五議石埭自此免封船之役　八九都胡日升七都沈明徵十一二都彭拱湯聖中武舉

康熙十七年戊午吳三桂即位衡州國號周改元昭武三桂卒其孫世璠立改元洪化江南戒嚴

康熙二十年辛酉祀前知縣姚子莊於東門外長林書院

康熙二十三年甲子邑人彭紀舒朝楧中武舉

康熙二十四年乙丑湯聖登武進士　僧海順及胡金門桑修石門嶺建步雲庵於嶺巔化峻嶺爲康莊至今稱便

康熙二十九年庚午知縣趙承烈續輯縣志附印於姚志原版之後　沈明徵登武進士邑人章樂登中武舉

康熙三十八年己卯邑人蘇鍾嵋領鄉薦沈自珍舒孟嘉中武舉

康熙四十五年丙戌流沙嶺巔建巨刹曰萬緣禪林並甃砌石洞洞長五丈許如城門然爲

吾邑大建築之一

康熙四十七年戊子彭拱登武進士陳自牧領鄉薦　五月大水四五都被災乞甚打衆培（路名通徽要道）一帶奔潰人畜淹斃無算次年偕隱行鑿石築路　蠲免本年丁地錢糧又發穀振饑又全蠲次年丁地錢糧

康熙五十一年壬辰知府馬世永重修池州府志　頒滋生人丁永不加賦詔　治江南科場大獄

康熙五十二年癸巳邑人李天麟領鄉薦

康熙五十四年乙未大旱自五月十三日微雨至十月雨始足一望赤地禾稼焦枯知縣朱

中報發倉大振

康熙五十六年丁酉 嚴禁傳布天主教

康熙五十七年戊戌 六月二十八日大水比四十七年只少一尺合邑被災 邑人畢玉履

領鄉薦

康熙年待考邑人蘇暻創設蘇氏文苑捐田租二百石爲此後全縣士子鄉會試卷燭之資

（按此項田租現歸縣府教育科每年收支）

康熙五十九年庚子 邑人舒創中武舉

世宗

雍正元年癸卯 定丁銀攤入地糧內徵收例特諭開墾水田以六年起科旱田十年起科凡

有可墾之地聽人民自墾自報官吏不得勒索阻撓 嚴禁百姓代賠州縣虧空並命停

捐例

雍正七年己酉設常平倉社倉令削除伴當世僕(俗呼小戶)等籍與編氓同列按戶編審契稅每兩三分之外加徵一分爲科塲經費

雍正八年庚戌知縣蔡廷翰以城垣傾圮商議修葺事未竟以丁艱去任知縣盧百朋集欵九百餘兩補築重新城樓雉堞屹然鞏固

雍正十年壬子邑人楊有定領鄉薦　開除懷桐宿南涇旌石東當等縣茶引八千九百引

雍正十一年癸丑命各省設立書院知府李暲增廣試院與秀山書院(六縣公產)勸課尤勤

雍正十三年乙卯邑人桂朝獻領鄉薦

高宗

乾隆元年（丙辰）詔試博學宏詞坊市桂含章（著有春秋比事參義十六卷四書益智錄二十卷左傳類纂二卷）與試以病歸　邑人沈德馨領鄉薦　是年頒十三經二十一史於各省及府州縣學并頒定營造尺

乾隆六年（辛酉）邑人沈樂成領鄉薦　採訪遺書　次年壬戌定選拔貢生爲十二年一次例

乾隆八年（癸亥）邑人陳鳳苞張應翔蘇德音等始建文昌閣於東門外

乾隆九年（甲子）旌孝子方成（上五都二甲）陳夢送（上五都三甲）入祀忠義祠　次年丙寅普免各省錢糧一次

乾隆十二年（丁卯）邑人陳洪書桂作霖同領鄉薦

乾隆十四年（戊辰）知縣石瑤璨續修縣志八卷未刊行而卒僅存稿前四卷民國二十四年

印成

乾隆十五年庚午邑人蘇畋領鄉薦

乾隆十七年壬申邑人桂聖兪李一瑞同領鄉薦

乾隆十八年癸酉邑人沈鵬領鄉薦

乾隆二十一年丙子知縣佘模復修文廟知縣吳文濤於竣工時勒石旌忠義李用賓（字
閩秀一都五甲）左雖當（字匡正老三都二甲）柳世恩（字南北二都甲）孝子楊
永顯（下五都三甲）義士陳景芳（字子春市都八甲）方守仁（上五都二八甲）楊
時運（四都二甲）蘇注（字時東一都七甲）入祀忠義祠（祠在文廟西隅今圮有碑
可考）

乾隆二十二年丁丑三次南巡　詔會試易表判爲詩易經文於二場次年復於頭場增性

理論一篇

乾隆二十四年己卯邑人沈德修沈德宜同領鄉薦

乾隆二十五年庚辰安徽布政使移駐安慶

乾隆二十九年甲申知縣林京詳請估修縣城領帑一千六百四十兩重加修築計城門五

水關二高一丈六尺厚八尺周長三里一分

乾隆年待考衛籍姚文炳考入本縣學額先是衛籍子弟須赴新安衛考試文炳訴諸學院

准撥學額二名於石埭得與民籍一體考試

乾隆三十年乙酉邑人蘇殿棨沈士嶹楊邦彦同領鄉薦

乾隆三十五年庚寅蠲免應徵錢糧次年壬辰飭購訪遺書及著作

乾隆三十六年辛卯坊市陳鳳苞領鄉薦

乾隆三十九年甲午邑人沈廷襄捐屋創設沈氏文苑並捐田租穀二百石（此田租穀現由縣府教育科經管）爲此後全縣士子鄉會試卷燭之資

乾隆四十年乙未邑人之旅南京者倡建石埭會館以爲鄉試僑寓之所

乾隆四十一年丙申追賜明太僕寺卿蘇瓊謚忠烈本縣崇祀鄉賢祠

乾隆四十二年丁酉邑人陳以瀛領鄉薦

乾隆四十三年戊戌邑人蘇廷鴞捐田租穀六十石爲學田廷鴞瞟幼子也當病篤時衆議捐田僧寺資冥福廷鴞曰不如繼先人志捐作學田（現由教育科管）

乾隆四十四年己亥邑人汪鐘領鄉薦　知府張士範重修池州府志時石埭人口三十三萬一千八百餘名（按現在全縣人口僅四萬八千餘名相差甚多恐不符）田地山塘原額折實田六百一十八頃二十三畝有奇

乾隆五十三年戊申邑人沈瑞領鄉薦　頒發大清一統志　南京水西門孫家巷石埭會舘落成自倡建至今歷十二年現爲老會館

乾隆五十四年己酉邑人沈自咸領鄉薦

乾隆六十年乙卯江南省鄉試自蘇皖分省後至是額定蘇六皖四分配

仁宗

嘉慶元年丙辰高宗禪位仁宗舉行授受典禮及盛大慶祝會增廣學額

嘉慶二年丁巳重建忠義祠於文廟西偏迎李用質左難當等九人木主入祀之（今祠已圮尚有碑可考）

嘉慶三年戊午一都奚元中武舉

嘉慶五年庚申裏鄉大約嶺危岩削壁行人苦無止息黟縣史延齡選良工查某建築斯嶺

曲折適當稱爲坦途胡知縣勒碑永禁開挖

嘉慶十年乙丑旅寧同鄉於武定橋側另建會館一所地鄰貢院便於士子入闈至道光十八年增置館後樓房大院合計樓平房五進是爲新會館民國十八年後改爲石埭旅京同鄉會其房地產業見於二十二年所製財產表者計東牌樓中華路評事街等處房屋十一所百五十七間收其租入以充經費並於中華門外安德門內琉璃窰益武店花廟又名李家園置山地平地四處以爲義塚值五萬元凡在京中學以上之同鄉學生寒苦者酌給津貼

嘉慶十六年辛未修備文廟雅樂十七宗一百五十八件質文度數悉由訓導汪萊依律呂正義詳加校訂成無式分寸之逾章講無纖析之訛選廩生二十人舞生四十人習之御賜萊以通曉數學印章　是年試辦海運

嘉慶十八年癸酉下五都徐必沐領鄉薦

嘉慶二十五年庚辰重開鳳凰嶺（通徽要道）鑿石爲途護以石欄險道化爲坦途

宣宗

道光元年辛巳邑人李玉衡被徵舉孝廉方正　三月建察院於東街（現爲教育局）先是邑試院被焚縣試几案須自備　邑人周穀號太谷傳道於儀徵兩江總督百齡聞而收繫之旋釋出從者彌衆遺言爲弟子所記者號太谷經詳列傳（安徽通志民國二十二年稿列傳六）門人李積中居山東肥城而有黃厓冤獄今爲在理教之祖

道光二年壬午沈氏合族建凌雲塔於甲子嶺巔開工於嘉慶二十年歷今八年工始竣爲吾邑建築物之一

道光四年甲申儒學董汝成續輯縣志未刊印民國二十四年印成

道光五年乙酉聘貴池桂超萬蒞石荸廣陽書院教

道光八年戊子邑人張鶴樓繼其先人瑞芝之志恢復麗澤文苑(俗呼張氏文苑)並捐田
租穀伍百件(每二十斤爲一件)爲每屆科歲試卷燭費

道光十四年甲午七都沈衍慶領鄉薦

道光十五年乙未沈衍慶登第五名進士

道光十七年丁酉嶺下楊摛藻領鄉薦是年十一月十六日摛藻生子文會

道光十八年戊戌黄滋爵奏請嚴禁鴉片烟次年林則徐焚燬鴉片於廣州停止英人貿易
先是邑有李某服官廣東河泊司恒與赴粤洋莊茶商各携鴉片烟回籍邑中紈袴子弟
漸趨嗜之是爲鴉片烟流行石埭之始沈衍慶上林則徐書請禁鴉片烟　楊摛藻登進
士

道光二十三年癸卯重建文昌閣於東門外歷三年工始竣爲士子吟宴之所　邑人沈寶錕領鄉薦田鶴飛中武舉

道光二十四年甲辰邑人楊殿材沈寶錩同領鄉薦

道光二十九年己酉江南北大水屋廬漂蕩僑戶遍野金陵本邑會館亦水深丈餘

道光三十年庚戌建全縣節孝總祠於城東

文宗

咸豐元年辛亥兩江總督陸建瀛奏請試場添作性理論禮部議准生員於考試經古場童生於府縣覆試場在濂洛關閩書中出題先是石埭學額府學三名縣學十名後又迭加四名是年洪秀全據金陵學憲沈念農專辦皖南軍務於籌餉案內奏准加學額二名共十九名嗣後永以爲例廩銀亦復原　地生毛吹之若針刺抽之無根

咸豐二年壬子坊市陳錫周領鄉薦

咸豐三年癸丑正月十七日太平天國軍破安慶二月初十日攻入金陵以金陵爲國都號曰天京頒天條十條時清學使沈念農督皖南軍務檄游府周天受率九營蒞石駐紮琉璃嶺崇覺寺都司黄某率三營駐夏村石埭重經兵燹自此始　時安徽院司皆僑守廬州府衆議建爲省治授江忠源安徽巡撫　沈衍慶以名進士出宰鄱陽七月十四日太平軍攻鄱陽衍慶力戰死之　八月邑西城内桃李華　池郡爲太平軍所破　石埭組織廣陽團練總局四鄉各設分局自此權歸紳士縣官畫諾而已　二十七日太平軍攻石埭不利退踞陵陽鎮十二月初十日琉璃嶺失守太平軍入石埭經夏村徑往徽州沿途頗守紀律

咸豐四年甲寅正月太平軍孫寅三越太平破祁門范四購由青陽攻石埭清軍周天受自

琉璃嶺敗潰退徽州邑孝廉方正桂詵(字卿一)率鄉團守霧露嶺力寡不敵退至雪潭灣投水自殉太平軍入石埭下蕭幾令當天受退經夏村時高城孫偉等乘機截刦輜重

二月天大風雨雹大者如杯小亦如豆菜麥歉收　是月太平軍湯監軍由池郡蔭石安慶東於各都設軍師旅帥司馬百長等職(一如四五都公推蔣家玉充軍帥蘇華寶充旅帥徐萬士充帥師議定倘不幸遇害應由地方撫恤其家屬並爲立廟致祀蔣蘇徐等出死入生奔走府省地方賴以稍安)　五月范四腈敗退石埭天受率兵躡擊經夏村懷孫偉截劫之仇縱火焚之遂克縣城四腈退青陽天受仍駐崇覺寺越三日軍門鄧紹良繼至經夏村火未熄撲滅之　六七月間大旱　七月清太平知縣歐陽蘇照復石埭縣城清刑部主事楊擢藻倡辦青石太旌涇團防凡二十歲以上六十歲以下悉編入隊

是歲太平軍至裏鄉火燬廟宇大洪嶺之古松庵預焉最慘者深渡洞內有難民百餘

人同日被焚死

咸豐五年（乙卯）正月辛巳太平軍由青陽趨石埭丁亥石埭下辛卯黟縣下是日清軍復石埭　五月太平軍由婺源經黟縣由羊棧嶺取石埭清軍向榮遣鄧紹良擊收復之方略何桂清疏國史鄧紹良傳）太平軍退踞青陽紹良留兵堅守琉璃嶺八月乙酉清周天受再復石埭城進駐陵陽鎮是時青邑士民多籲龥天受已不欲駐　十六日沈念農以經費艱難札飭分派　二十一日紹良提師回淳村天受亦由陵陽鎮回師石埭城中居民惶惶楊擣藻等乃聯合涇旌太石四縣紳耆列名再三請留重兵守石略謂徽浙依旌太爲門戶旌太依石埭爲藩籬是故守石邑所以守旌太守旌太即所以守徽浙當以旌太之勇爲石埭壯軍威以徽浙之費爲石埭助軍餉鄧周二軍乃仍留駐石埭於是議割皖南五府州隸浙以鑲道專軍事江南大營利浙餉輒遣重兵衛皖南

咸豐六年丙辰清軍守崇覺寺太平軍屢攻均不利五月江南大營陷向榮死之　時太平軍內訌石達開奔寧國不復返安慶　八月丙申太平軍走羊棧嶺向祁門祁門休寧俱下江長貴擊走之　九月太平軍之撲徽州也張芾親督戰周天受馳至解圍時建德來援之太平軍入櫸根嶺至歷口爲祁門團練所遏休寧之太平軍失援甲申復取黟縣十月清周天受復黟縣太平軍分道由祁門北出本縣之大洪嶺由黟北出羊棧嶺　十二月甲午太平軍由石埭繞羊棧嶺外趨祁門清詔鄧紹良駐寧國督寧國軍務防浙退

是歲大旱蝗

咸豐七年丁巳三月壬戌周天受復石埭駐崇覺寺太平軍翼王石達開率衆攻石埭分四隊一由太平境入華坑攻夏村一由陵陽鎮攻崇覺寺周天受連戰却之困甚適軍門江長貴由郭村來援圍乃解是役也團練防堵之力頗多　閏五月庚子太平軍古隆賢由

石埭侵略江長貴擊走之

咸豐八年戊午八月乙卯池州太平軍分侵石埭青陽逐合據陵陽鎮逼崇覺寺江長貴由徽來援始去　浙撫胡興仁奏減皖南軍餉　九月太平軍突破琉璃嶺清軍潰退鄉團練拒守泥田嶺力不支團董蘇霈被執不屈死團長蘇湧元等陣歿城陷城鄉紳耆及婦女死亡枕藉是月戊寅太平軍由陵陽鎮趨崇覺寺江長貴擊退之　時青陽亦有敵衆來侵太平江長貴又敗諸夏村　十月甲辰徽軍程紹熊擊退夏村太平軍　乙巳江長貴率軍平毀陽陵鎮太平軍壘自七月廬州再陷後清軍專注重淮南北鮮有顧及皖南者　十一月鄧紹良戴文蘭戰歿於黃池皖南益糜爛不可爲矣　是月詔前江西巡撫張芾督辦皖南軍務駐徽州

咸豐九年己未正月督寧國軍務鄭魁士復黃池四月魁士被劾稱疾去張芾以周天受統

代寧國軍　七月彗星見於西北光芒長約五六尺二十餘日始沒　太平軍輔王楊輔清由景德鎮率衆攻龍巖(七都)圍清軍數匝清軍迭乞增援張參戎某擁兵不發黃朝陞曾玉堂等自請赴援張參戎又以危詞止之時天受調寧國軍門米興朝奉調填防亦逗遛芳村不逾甲子嶺龍巖守軍都督吳文山遊府羅光忠都戎梁君張瑾馬雲及黃陳等餉盡援絕三千餘人同日覆歿　輔清踰甲子嶺由華坑攻夏村適參戎王恩榮由徽來援大戰於大石洪輔清仍退龍巖　八月輔清由龍巖繞宏潭攻郭村清軍副將羅勉齋所駐五營均潰敗勉齋奔徽郡　二十日米興朝移重兵駐夏村官舖中村塗舒溪兩岸營壘相望居宅糧食悉被搜佔民多逃亡　張守備黃都司戰歿於船渡邑人楊金印被執題絕命詩不屈死　二十三日輔清進踞夏村米興朝退守縣城適榮鎮軍黃參戎由寧國府來援於是扼旗嶺芝嶺而守　九月十九日太平軍孔某仇殺佘溪方姓七百

餘人列頭顱百顆於上橋並焚及全村住宅　黟縣紳團乘勝復石埭佘溪　十月二十八日輔清聞池郡韋志俊降清乃與古隆賢等率衆由華坑踰白沙嶺往攻貴池清軍以追剿爲名四鄉搜索蘇李諸姓宗祠及巨室均遭焚燬丁馥堂家世藏宋明珍本及孤本圖書數千卷竟付一炬　十月太平軍賴裕新（達古）攻寧國周天受敗績部將石玉龍死焉　十一月曾國藩援皖移駐宿松是爲湘軍入皖之始

咸豐十年庚申正月清軍奉令援徽完全撤防　太平軍賴裕新辛卯取涇縣甲午取太平旌德乘虛取石埭派將某設頭卡於夏村　二月太平軍陷杭州　閏三月清軍江長貴率韋志俊出羊棧嶺攻克石埭蕭翰慶率唐義訓出昱嶺攻克太平　裕新性殘忍殺邑紳蘇華寶蔣家玉等數十人夜半開北門拔衆退往青陽志俊入城安撫居民漸歸耕種

五月太平軍奉王古隆賢由青陽攻崇覺寺分隊由泥田嶺攻古竹橋進踞縣城清守

軍張參戎所部各營潰經夏村退徽　邑諸生徐秉鑑(字曉潭)率鄉團練赴戰被執不屈死懷中有絕命詩一首愧乏匡時略常懷報國憂休言一介士胸自有千秋　六月十一日曾國藩移駐祁門縣　八月詔罷張芾皖南軍務由國藩兼之以一事權檄觀察吳坤修進駐郭村　是月隆賢濤査門牌登記人口派夏某設頭卡於夏村　八月十二日太平軍楊輔清賴裕新古隆賢合軍攻陷寧國周天受死之李世賢率衆四萬攻徽州是月英法聯軍陷天津文宗幸熱河英軍逼北京焚圓明園曾國藩請勤王未許　十月太平軍忠王李秀成率衆十萬由大通趨石埭攻郭村踰羊棧嶺破黟縣撲祁門國藩檄鮑超張運蘭等擊卻之　十一月太平軍進圍祁門鮑超張運蘭楊鎭魁等迎戰於廬村

是年彗見於東方

咸豐十一年辛酉正月乙未太平軍由石埭分二路攻祁門一出大洪嶺江長貴禦之一出

大赤嶺黄惠清不能禦進至石門橋唐義訓禦之　二月太平軍由池州踰嶺趨圍祁門祁門倚糧江西至是糧運三十日不至國藩誓以死守自書遺囑二千餘言朱品隆江長貴力拒圍迺解自是裘鄉各村鎮成焦土矣　太平軍古隆賢令民歸耕時糴價奇貴米每升四百文（合洋四角餘）鹽每兩七十文（合洋七分餘）人相食多饑死者時有米肉（人肉之别稱）糠肉（猪肉）之分四月國藩率師出石埭大洪嶺經裘鄉移駐東流留朱品隆守祁門張運蘭守休寧江長貴守柏溪唐義訓守漁亭沈寶成守歷口楊占魁守羊棧嶺　五月太平軍由石埭踰羊棧嶺破黟縣朱品隆江長貴張運蘭等復之運蘭連進克復徽州　六月彗復見於北方逼近北斗漸移而上　八月初一日曾國荃克安慶初七日國藩移駐安慶安慶爲太平軍所踞蓋歷九年矣　國藩設忠義局於安慶聘邑人陳艾（四下五都石壁人）楊德亨（隴頂人著有倚志居集及補遺共九卷

讀書記四卷）主任局務各省忠義局之設由此始　時楊載福克池州銅陵八月古隆賢派隊擄村民强刈秋穀運城貯藏並飭令都供穀三千石居民復潛逃　十二月鮑超復青陽石埭旋仍爲太平軍所踞

穆宗

同治元年壬戌三月初五日淸軍鮑超復青陽二十二日進克石埭太平而石埭旋仍爲太平軍所踞　六月十九日邑人汪淮任陝西洋縣令太平軍以地雷轟陷縣城淮戰死洋民請於朝配祀城隍　閏八月疫疾盛行死亡枕藉　太平軍黃文金圍攻甯國鮑超據城堅守　十一月初七日太平軍攻破祁門旋爲淸軍唐義訓等攻復之　十二月初五日太平軍攻破青陽二十五日朱品隆攻復之太平軍仍退踞石埭

同治二年癸亥正月太平軍賴文鴻擁衆七萬由石埭趨圍涇縣易開俊力禦之鮑超由宣

往援解涇圍　三月二十二日清軍朱品隆攻青陽石埭克之旋仍爲太平軍古隆賢所踞　五月初三日太平軍由石埭退往茂林村清軍易開俊追擊之於章家渡　朱品隆復青陽石埭太平旋仍爲太平軍古隆賢所踞與品隆劃陵陽鎮爲界而守　六月清軍王文瑞復黟縣　九月二十八日隆賢以石埭太平旌德投降於品隆遣散降人四萬石埭自此無太平軍旗幟矣　十月二十五日李鴻章復蘇州　時曾國荃圍金陵

同治三年（甲子）正月居民陸續回里各戶人口僅存十分之一二上田每畝僅値洋一二元省委蔣世琦蒞石權知縣事　二月左宗棠克復杭州　四月舉行縣試五月府試旋學使朱蘭（餘姚人）蒞郡院試並補行咸豐五年以還歲考　六月十六日曾國荃率李臣典攻克金陵獲忠王李秀成等洪秀全於四月二十七日服毒自盡子福瑱自焚太平天國遂亡

同治四年乙丑春兩江總督曾國藩以皖南石埭等九縣地方被害最劇惠施耕牛籽種每縣紋銀柒千餘兩先是本境產糧僅敷民食三個月之需餘悉仰給船運之輸入由灣址直抵夏村兵燹以後人口銳減河道淤塞城南米行船行亦俱停閉自此舒溪河中絕無帆運矣

同治六年丁卯諭飭各省府縣嚴拏哥老會　嶺下楊文會字仁山（安徽通志民國二十三年稿列傳六）創設金陵刻經處校勘刻印俾廣流傳佛學自此昌明

同治八年己巳淮揚水師前營哨官副將盧經學參將朱楚經帶領勇丁在雞兒灘佔住民地強砍汪姓祖塋樹木並毆傷多人江督馬新貽委孫觀察僑裝商民蒞境查明分別參革懲辦民心感戴爲立祠祀之

德宗

光緒二年丙子二都施邦瑞妖術煽惑法以紙人翦婦稚髮誓並以九龍山名義召集各姓無賴密謀作亂知縣沈汝椿密捕邦瑞等正法並搜出白綾名單一鉅册汝椿召各族自加懲治各具書悔過遂焚其册

光緒三年丁丑三月知縣楊谿免各都甲攤派院府考試費立碑縣衙門前

光緒四年戊寅楊文會任參贊隨曾紀澤出使英法各國考求政教生業甚詳精究天文顯微等學製有天地球圖併輿圖尺爲石埭人士歐遊之始

光緒五年己卯坊市陳之鳳領鄉薦　三都蔣致治中武舉

光緒七年辛巳五月大水夏村等處尤甚有淹沒屋頂者居民乘筏登駱駝山次日水退

光緒八年壬午八月邑人汪志豐畢景等重修闔邑城隍廟明年工竣　法人要求知縣覓購城東南隅舊文苑基地建築天主堂並訂明不毀文苑二字是爲石埭有教堂之始

光緒十二年丙戌楊文會應劉芝田之聘隨使英倫考察政治製造諸學三年歸國後誓不復入政界專闡揚佛學

光緒十六年庚寅四月褒鄉橫船渡七里貢溪等處山洪陡漲淹斃人畜無算損失極鉅五月十三日望仙街有唐玉狗者本哥老會首領自稱九千歲私造兵器旗幟密集隣邑匪徒數百人約期作亂會大水不能如期至鄉人密報於縣知縣顧懷壬一面飛檄請兵一面率鄉勇駢捕之獲玉狗等鎮兵至斬玉狗等十餘名

光緒十七年辛卯下五都徐履謙（歷任農商部副郎著有春秋大事記其父定文官至大理寺寺丞著有皖學篇）徐正鈞同領鄉薦　邑人陳艾捐銀一千兩倡議重修文廟陳文煥督其事七月初一日開工　是年各省督撫迅速籌辦教案善後事宜嚴拿哥老會

光緒十九年癸巳坊市桂殿華領鄉薦

光緒二十年甲午 楊文會與英人李提摩太譯大乘起信論成英文是爲佛學西行之始 坊市蘇城領鄉薦

光緒二十三年丁酉 文廟竣工凡歷七年費本洋（西班牙國所製每元合龍洋一元四角餘）二萬八百餘元先是太平軍之役文廟被燬歲時祭祀假城南祝聖寺行事至是迎粟主於新廟 天主教蔓延各鄉鎮民教之間紛爭時起各縣嚴拏哥老會 楊文會築室於金陵延齡巷爲刊印佛經及流通經典之所並與印人摩訶波羅興復五印佛教 旌孝子蘇宦榮（四都三甲）

光緒二十四年戊戌 大旱六月三都將宏林因祈雨取水以身殉 桂殿華登進士第 縣初設郵政局每函一件貼郵票一分由本邑商店代辦 初用銅元本洋一元兌銅元一百二十枚

光緒二十六年庚子 徐氏萬卷樓被焚孤本圖書悉付灰燼 七月青陽木竹潭有郭老太者自稱爲小天王洪福瑱之妃集合青太石銅旌涇各縣無賴及長江會匪倡亂於大通聲勢洶洶大通青陽逃亂者絡繹過石居民惶恐作遷移計城鄉舉辦團防日夜梭巡迨蕪鎭兵到青捕老太等正法亂乃平 組織天足會戒婦女纏足

光緒二十七年辛丑 田賦加徵庚子賠款每條一畝徵制錢三百文（約値銀一錢二分餘）與正供相等

光緒二十八年壬寅 補行庚子辛丑鄉試邑人徐蓉鏡徐紹熙徐紹曾曹蟠沈恩燎領鄉薦彭應江恩賜舉人 是年實行廢八股文改策論試士停止武試 張百熙奏陳學堂章程頒行各省 裁撤屯衛歸併民田升科

光緒二十九年癸卯 徐紹熙登進士第下五都徐經綸領鄉薦

光緒三十年甲辰 邑人桂巖孫廷輝等重建西門外痘神祠以祀烈女桂命姑在牛痘未普種以前以桂烈女為天花聖母頗靈驗鄉邑恒有來祈禱者

光緒三十一年乙巳 八月詔停鄉會試及院府縣科歲考試科舉制度自此遂廢 先是二十七年知縣林煒焜改廣陽書院為致材學堂本年十月知縣陳寀蘭改為師範講習所遴邑之廩增附生三十餘人肄業爲寀蘭之姪格非歸自日本留任講席是爲石城設學堂（民國時改稱學校）之始 邑人陳惟壬創辦實業赴日本考察

光緒三十二年丙午 知縣陳寀蘭籌欵改造考院（即縣考棚）爲學堂創設縣立高等小學堂及鄉區初級小學五所始設勸學總董教育附加每條欵洋一分三釐並串票一張洋二分全年約一千元

光緒三十三年丁未 選送廩附各生肄業省城各學堂武庠生入標營 楊文會創辦佛學

學堂於金陵祗洹精舍中西並究　邑人李克諧創始募捐設立收嬰所嗣以欵絀停止

邑人陳惟彥惟庚惟壬兄弟復捐募鉅貲開辦定名爲育嬰堂並於民國七年購買官產

馬田計烏龍硬熟田三十五畝一分泉湖庵熟田六十畝零零五厘又荒田五畝二分三

釐七毫歲收租穀以爲常年經費

光緒三十四年戊申始設巡警公所於城內開辦池州府中學堂本縣隨田賦加徵池州中

學經費　邑人陳世恩請祀鄉賢

宣統

宣統元年己酉各省諮議局成立頒行地方自治章程　下五都徐淮生舉孝廉方正

宣統二年庚戌頒布新刑律各省請開國會因詔纂擬憲法本縣創設籌備自治公所查戶

口編門牌是爲地方人民自治之始　除夕大雪雷電交作　陳惟彥捐貲創設體仁堂

先辦義倉農民賴以周轉

宣統三年（辛亥）五月十九日縣南門外舒溪河渡船覆溺死五十餘人於是有建永濟橋之議　八月十七日楊文會在金陵逝世即葬於延齡巷刻經處　十九日（陽曆十月十日）武昌民軍起義推黎元洪爲都督各省紛紛獨立　十月彗星見　大通軍政府黎宗獄派參謀胡孝齡率兵二營過境石埭不血刃而光復　十一月十三日（一月一日）十七省民軍代表選舉孫文爲臨時大總統黎元洪爲副總統就任南京改陽歷以是日爲中華民國元年元日用紅黃藍白黑五色旗爲國徽時清廷授袁世凱全權與黨軍議遜位條件民國許以遜位後優待隆裕太后下詔遜位（自順治元年至此凡二百六十七年）境內會匪思逞紳耆舉辦團練捕著名會匪數名斬之迺寧　時知縣爲孫榮臚月大通軍政分府黎宗獄派蘇王莅城攝縣事此後入民國

中華民國元年壬子 鼎革後省設安徽都督下置民政財政教育實業四司廢徽寧池太道及池州府治縣設縣知事稱縣公署警察局仍舊廢典史及巡防營設財政局旋改科屬縣公署而以本地人充之 男子剪辮髮 始設縣議會民選議員額定二十人選孫履亨楊瑞芝爲正副議長桂殿華當選第一屆省議會議員徐紹熙當選第一屆候補衆議院議員 舉辦牲畜稅年訂比額五千七百六十五元後又附加八百九十元初陳惟彥督辦淮南鹽政辛亥世變軍民將推爲都督避至滬至是當道又迭舉爲財政次長安徽財政司長均辭不就

中華民國二年癸丑 縣立高等小學校因鼎革停辦令恢復校長沈鳳威 六月大旱安徽都督柏文蔚二次革命七月革命軍駐守琉璃嶺約半月倪嗣沖受袁世凱命繼皖督平復革命軍令馬聯甲率兵來縣革命軍已先退邑供給養未受騷擾 石邑自明天啟四

年旅居北京同鄉創建石埭會館並購房產以資久遠嗣復購置義園已有沙河門內五里屯地六畝板廠地七畝零八聖廟地二十畝象鼻子坑地六畝歷年既久塚穸已滿是年李文綬陳惟王發起捐募復開左安門內雙龍庵原有義園地二十畝並建屋數楹邑人在北京物故者皆得厝葬

中華民國三年甲寅始設蕪湖道尹本縣屬之　重修城內大街　舉辦不動產驗契　本縣政費訂定月支六百元行政司法各項均在內縣議會停

中華民國四年乙卯田賦每正稅一元附加三分三厘爲森林經費　邑人蘇作霖徐秉衡等在大通倡置石埭公渡四艘以利大通至青陽之航渡使邑人不受駕船之訛索由大通李仁和號經理

中華民國五年丙辰夏縣立高小學校因事停辦　邑人陳夔舉崇祀鄉賢三月十六日政

事堂奉批令照准又呈請附祀各省李文忠公專祠生平事蹟宣付清史館立傳五月二十四日政事堂奉批令照准八月十三日並由內務部呈奉大總統題給孝闕增光匾額

中華民國六年丁巳春恢復縣立高小學校校長汪萬里幷設女子小學於城內校長蘇本陳女士

中華民國七年戊午設縣勸學所七月陳維熊當選第二屆省議會議員秋瘟疫大行

中華民國八年己未陳艾崇祀鄉賢宣付清史館立傳九月二十二日內務部核准入祀幷咨史館核辦

中華民國九年庚申陳惟彥桂殿華徐紹熙蘇致厚及南京石埭會館等捐資創辦私立崇實小學於西門外舊儒學內桂紹烈孫偉福相繼爲校長嗣增設中學　杉山鎮國寺就太白書堂廢址重建西峯院　第一屆國會議員在廣州護法爲非常國會邑人徐紹熙

遞補爲衆議院議員　北京石埭會館由館長楊時中（時任財政部公債司主事）經手募捐重修大廳幷改建左側之住屋十餘間

中華民國十年辛酉　池州六邑同鄉在安慶四照園購建池州六邑同鄉會所本縣由地方經費內籌撥捐款

中華民國十一年壬戌　陳世恩續請崇祀鄉賢　陳惟彥惟庚惟壬桂殿華等捐募二千餘元修理文廟孫履亨董其事

中華民國十二年癸亥　邑人楊德亨呈請崇祀鄉賢　秋有匪十餘人由陵山後潛入縣內劫獄警察局縣公署槍械均擄去

中華民國十三年甲子　改勸學所爲教育局桂殿華遞補爲第一屆參議院議員　陳惟壬蘇致和等倡捐重建東門外文昌閣　褒揚孝子櫃溪汪金廷　邑人倪壽蓀等募捐重

修北門外萬松菴相傳畢恭介公曾讀書於此今建數椽在半山中藉資觀感

中華民國十四年乙丑　陳惟彥倡建南門外舒溪河橋與弟惟庚惟壬太平陳少舟慈谿陸維鏞捐募鉅資用鋼筋水泥築成名永濟橋長六十一丈餘用欵十三萬餘元并於南岸建兼濟橋與同濟橋爲皖南巨工之一省屯公路即利用此橋渡河餘款二萬有奇分存津蕪貯備修葺由董事保管　八月五日陳惟彥卒於如臯邑人謚之曰慈惠先生生平著有宦遊日記著述偶存及批註性理學案諸書均已印行

中華民國十五年丙寅　鳳皇山建大佛殿　夏旱　五省聯軍司令孫傳芳辟邑人蘇致厚爲安徽省長辭不就嗣被選爲全國商業聯合委員會委員　十月十八日江西軍潰孫傳芳部下鄭俊彥等竄經石埭沿途綁擄夏村烏石隴一帶損失尤巨　陳烱明部隊劉志陞竄駐縣城八十餘日　時北軍劉寶題師駐徽兵隊往還不息兵差供給凡公産族

産抵押殆盡

中華民國十六年丁卯二月劉寶題師自徽州竄經石埭沿途剽掠　三月本省隸屬於國民政府懸青天白日旗　四月省公署及各廳改爲安徽政務委員會設立主席一人委員若干人分設民治財政建設教育四科嗣改爲省政府設民財建教四廳　廢蕪湖道治　改縣公署爲縣政府知事改稱縣長改警察局爲公安局　國民革命軍軍長賀耀組到縣設國民黨本縣縣黨部及五區區分部　設人民自衛團隨田賦每正稅一元征收六角二分五釐是爲保安隊附加　覆驗不動産契據

中華民國十七年戊辰五月設縣地方財政管理處先是地方財政原設財政局嗣因改革撤銷　十二月邑人旅南京者組織旅京同鄉會接收石埭會館産業切實整頓凡邑人旅京之中學以上求學而家寒無力者可受津貼學費　省政府改訂本縣行政費列三

等縣月支一千一百餘元　田賦每正稅一元附加一分八厘爲常平倉積穀

中華民國十八年己巳　春金華山建徐母賢證廟並設佛學圖書館　夏大旱重修夏村河岸及路　田賦一元加征義務教育經費一角八分　邑人李明廣創議建築六都芳村華溪橋用洋灰鋼筋橋面陳惟壬張楚捐募巨欵橋工乃於二十三年告竣

中華民國十九年庚午　先年冬有縣府革役李開富綽號李老七煽惑七都保衛團譁變並擄去橫船渡槍枝串同土販地痞在裏鄉一帶刼掠於廢歷除夕前二日陷城經徽屬駐軍追蹤擊散城未糜爛　民元以來本縣爲四等縣月支七百八十餘元十七年及本年冬間省政府改訂本縣行政經費列爲第三等每月開支迭增至一千一百九十四元

中華民國二十年辛未　一月設自治區公所第一區設城內二區烏石隴三區七都四區雷湖五區七里並於鄉鎮設鄉鎮公所區設區長一人區員二人區丁四人經費除桐子捐

七百元外隨田賦每條畝附征二角二分　二月一日全國裁撤釐金稅局卡洪楊以來之秕政自此廢舉辦營業稅以抵補本縣年額一千五百元凡按營業收入課征者爲千分之二按資本額課征者千分之二十由青石營業稅局稽征之二十四年改設地方稅局主管　改人民自衛團爲保安隊計官佐九人士兵一百二十人經費每年爲一萬九千五百元（隨田賦征保安隊附加一萬三千一百二十二元）支經常費一萬六千五百十二元餘爲備用費二十二年改編爲第八行政督察區獨立中隊計一中隊一特務排一獨立排改地方財政管理處爲財務委員會直屬於縣府由縣長就各法團及城鄉士紳中遴選委員　田賦每正稅一元加征省築路基金一角

中華民國二十一年（壬申）增設縣立第二小學於橫船渡　改區公所爲地方自治協會未幾復舊　是年民政廳調查本縣戶口田地生產及教育經費如下本縣共九千五百五

十六户四萬八千四百零三人男二萬六千六百三十一人女二萬一千七百七十二人

土地面積四千六百十方里合畝積二百四十八萬九千四百畝内計耕地原額總數六萬七千一百九十四畝分熟地四萬三千五百十五畝荒田二萬三千六百九十七畝估計年產稻米九萬六千担小麥二千五百担菜籽一千三百担黄豆六百五十担大麥二百五十担山芋一千六百担應徵田賦總數二萬一千零零九元附加三萬零零零六元九十担教育經費收入計學產租息一千一百四十八元物產學捐一千零八十元各項附加捐一千四百零七元義教附加四千一百四十二元共七千七百七十七元支初等教育費五千五百二十元社會教育費三百元教育行政費一千六百二十二元劃撥充

（按附加已超過政府不得逾正税一倍之明令）本縣有積穀倉四十所存穀一千六百

收入年爲八千二百九十四元有小學校十一所學生五百九十名（共有學童四千零

八十九人）　裁公安局併入縣府第一科內　區公所按照劃匪區內制定條例組織仍分五區每年經費已增至六千九百六十元田賦每元附征二角　先是陳惟彥在馥仁堂內撥款購買圖書又捐其自有書籍在崇實學校內創建劭吾圖書館編後遇有典重圖籍其家屬又復增置　是年因擴充崇實學校教室陳惟壬獨力捐助建樓數楹訖年工竣全校學生感發興起因用惟壬別字名其樓曰恕齋

中華民國二十二年（癸酉）春併縣立第一小學於崇實學校創辦第三小學於烏石隴　設行政督察專員本縣屬於第八區區轄貴池青陽石埭太平至德東流六縣由貴池縣長兼任專員並第八區保安隊司令先是已有首席縣長之設置茲改置之　舉辦保甲制度戶設戶長十戶爲甲設甲長十甲爲保設保長　編壯丁隊自治經費改隨田賦每條附加二角縣共壯丁一萬一千三百十一人編隊五千九百二十七人

中華民二十三年甲戌夏大旱二月不雨秋收不及五成邑人組救旱委員會本縣自洪楊以來水利失修時患亢旱官紳例不報災有之自今年始　築殷屯公路嗣改省屯路由青陽經琉璃嶺(嶺已鑿平無復昔日之壯峙幽靜)入本縣境渡永濟橋經穆溪往太平土基之在縣境者歸地方担任隨田賦附徵(派九萬餘工又每條附加三角)　設長途電話於縣府及各區鄉鎮　改教育局爲縣府教育科　六月共黨方志敏股原以江西弋陽爲根據因第五次圍剿掩護主力長征由贛侵入祁門陷本縣之雷湖城安佘溪七都等處九月縣城危省特務營來剿得免陷落十二月行政專員駐縣督剿修繕城垣四鄉築碉寨六都及青陽之陵陽鎮一度被陷十七日縣城西面被困十九日阮王兩旅兜剿匪退七都境外四區區長孫文炳及下五都保長汪碩海均先後被擄被害於雷湖各鄉人民死者五百餘人　省籌振會聘邑人徐國治爲首席委員省振本縣稻三百石米

四百石　爲普及教育起見於城內及鄉鎮設短期小學　文頤與陳棟存所編本縣山川志稿印行

中華民國二十四年（乙亥）一月上海旱災義振會急振本縣四千元省先後振縣一千元米一千六百石旅京平津蕪同鄉捐一萬二千元設農貸平糶處在滬購洋米五千餘石以汽車運縣省豁縣上年田賦二成　八十八師駐縣剿匪生擒匪首方志敏於懷玉山中匪勢稍殺　陳惟壬攜其幼子汝瓊赴倫敦考查實業並遊歷歐美非亞四大洲十餘國汝瓊歸著歐美遊記　張勉陳惟壬捐貲翻印姚子莊輯修縣志並刊印董汝成輯稿與石埭燦續輯於北平

中華民國二十五年（丙子）編壯丁巡查隊增加快鎗四百餘枝在田畝上徵費（有每畝徵生產捐二角五分者東佃各半有每戶月徵三角至一元者）改區公所爲區署改劃五

區爲三區一區在縣城二區七都三區橫船渡省合作委員會派指導員來縣指導農民組織合作社本縣之有合作社自此始地方財政正式列入縣預算內又在田畝上派徵積穀以三年爲期各縣添設農倉本縣派設二倉容量一萬石爲農民抵押之用　先是旅甯同鄉於十七年將李文忠公祠鄉賢陳豐舉木主迎祀於石埭會館第四進文昌閣樓上是年公議與鄉賢陳艾同祀焉

(清)張贊巽、張翊六修　(清)周學銘等纂

【宣統】建德縣志

清宣統二年(1910)鉛印本

建德縣志卷之二十

雜志

祥異

宋紹興二十一年定林寺桑生李實栗生桃實許志及府志皆作宣和二十一年而江南通志則作紹興二十一年按宋史徽宗十九年改元宣和至八年欽宗即位是宣和無二十一年矣應從通志

十六年石門民家籬竹生重萼牡丹竈鼎產蓮花若金色

明洪武三十一年五月六日大水

永樂十四年丙申大水七月山蛟並出損壞田廬甚多

正統三年大祲明年春復饑

成化十年甲午大有年

二十一年乙巳旱災

二十三年大旱

宏治元年戊申大饑

正德六年辛未大有年

十二年丁丑五月山出蛟損壞田廬民有全家溺死者秋大疫

十三年戊寅夏大水

嘉靖二年旱

三年春夏饑疫

十三年夏六月大水冬十二月地震

二十四年大饑夏大旱

四十年春地震水災

隆慶三年六月暴風拔木傷人損稼

萬歷四年丙子大有年

八年大水山崩石決平地水高數丈是歲大祲

九年辛巳大饑

十七年己丑歲旱大饑

二十一年癸巳有年

二十五年丁酉五月大水

二十七年己亥大有年時斗米值錢五十文邑無盜賊夜戶不閉

三十六年戊申大水城內行舟兩月

四十年壬子天井堯封保孔祠室有燕巢於梁環爲門者五狀若蓮華

四十二年甲寅四十三年乙卯皆大水西北郊田禾盡沒

四十七年己未十一月丙子三十日有三大鳥黑色各丈餘立玉峯巔或曰鶚也

四十七年秋夜月色晴朗雷忽擊死三人三人異居而屍聚于一

地旁有牧兒竟無恙
泰昌元年冬十二月十八大雪至正月
崇禎元年戊辰七月大水
四年辛未有年
七年甲戌有年
十年丁丑三月民大饑餐黄土名觀音粉多腹墜病
十三年庚辰民訛言竈神降所在迎祀計口出錢雖小兒無遺者
十四年辛巳冬月民大饑有掠人而食者
十五年壬午春民多饑死秋蟲食粟苗松葉一望如焚冬多虎時

孔貞運里居告郡邑檄貴池獵人捕之殺七虎中有一虎孕四焉

十六年癸未秋冬不雨前河水三處斷流後河魯公堰斷流一里許

十七年東叅民陳姓家猪產象形無毛

國朝順治二年三年皆有年

四年丁亥三月至六月穀貴民大饑米每石至銀六兩

五年六月初九日大水邑治後蛟起湧水二丈餘官倉貯米豆盡漂時所在山蛟並出政坑鋪凌家左側山崩壓田百餘畝多溺死者

八年辛卯元日地震二十七日大雪雷電交作文廟柱裂六月有蟲食松葉自彭澤至邑柴坑凡百餘里皆盡有蟲食禾苗歲不登

二十九都有獸如駮馬食虎者四

九年二月十五日地震

十一年有年

十六年大有年

十八年大旱十一月二十三夜雷震

康熙元年春二月民饑春三月北城儒學櫺星門右久枯楮木復生

十年夏池饑

四十五年五月鄉民陳霈之妻黃氏一產三男皖撫劉題請奉

旨照例給賞米布

四十七年鄉民汪璧生妻何氏一產三男皖撫劉題請奉

旨照例給賞米布

五十五年旱

乾隆二十九年江水漲入城內市口三尺許至城隍廟止一月方退三十一年三十二年俱大水

四十一年大有年

五十年大旱民饑野殍無數
五十一年大有年
五十三年大水
嘉慶七年大旱民饑
十年六月大風雨上鄉青山蔡姓祖墓下陷十餘丈壠木墓道隨
下如故塚
十九年旱民饑
二十年有年
二十二年二月員家山王之吉妻歐陽氏一產三男

二十四年三月十三日大雨山水陡發八字塢汪姓毀没十餘家男女溺死三十九人

二十五年旱

道光元年有年

八年旱

十五年大旱民饑至食觀音粉或云即萬餘糧死徙亦衆

十九年西溪大塢隕石廣丈餘長倍之

二十七年大有年

二十八年二十九年江水漲入城内市口深七八尺自南嶺以南

至堯渡迄栗樹下俱通舟矮屋全沒樓房亦淹過半

二十九年上鄉塘水溢如急浪湧起逾時乃定

三十年江水溢較二十八九年小三尺許六月蛟水亦大南關外漂民房甚多上鄉楊林河水及樹杪

咸豐三年雨豆

六年五月果園古松林有五鶴來巢

同治元年六月蛟水大作南關有巨屋一所及民人二十餘口同漂去

二年秋大疫民得癟足病半日即死十二月大雪至三年正月初

止約深六尺民多凍死

三年旱大饑民食樹皮觀音粉腸被塞多有死者是年有惡獸路遇人輒攫食之或夜入民家嚙人

五年三月天雨雹豆麥大傷屋瓦多被擊毀

六年麥秀兩歧

八年九年俱大水城內市口行舟數月始退

十年八月大板新莊雨豆其色斑

光緒二年分流民遇一獸獨足狀似山羊羣捕而剖之內堅實惟一腸至臍止是年閏五月有妖僧以黃紙爲人形咒之能飛嚙人

辨居民多不安數月乃滅

七年六月慧星見寬八尺計長十餘丈

十年六月十一年四月蛟水俱大砂石沒田地無算民有漂死者

二十三年旱民饑

二十六年夏金星晝見

二十七年大水升米百錢米價從此騰貴

三十二年九月朔大板等堡地震

三十三年春熒惑入南斗夏彗星見於東南

三十四年夏大水秋大旱

宣統元年大水大旱民饑

二年夏彗星竟天

【嘉慶】東流縣志

（清）吴篪修　（清）李兆洛等纂

清嘉慶二十三年（1818）刻本

東流縣志卷十五

安徽池州府東流縣知縣吳篪修

五行志

陰陽之理傳著人事以效其盛衰善否以爲休咎蓋五行者五常之氣之所形也故聖人著焉春秋時列侯不過百里而梓慎裨竈等占其吉凶歷歷可驗今一縣之地截長補短豈有以異於古諸侯哉而議者或謂一隅之地不足以應天氣抑失其理矣然梓慎裨竈輩世既無有其師法又絕不傳不當牽合以蹈誣妄畧述水旱霜雪及物異可覩者著於篇備考覽焉

元至正二十六年東流縣獻芝

明成化十年甲午大有年

十四年戊戌夏不雨無稻禾

二十三年丁未夏大旱饑冬十二月雷電

宏治元年戊申大饑

正德十二年丁丑夏出蛟大水壞民田舍秋大疫

十三年戊寅夏大水冬十一月雷

十四年己卯冬訛言興

嘉靖十三年甲午冬十二月地震

二十四年乙巳夏六月大旱

二十五年丙午歷山生竹實萬石民採食之

四十年辛酉春地震

隆慶三年己巳六月大風拔木傷稼穡

五年辛未夏旱

萬歷二年甲戌夏六月大雨雷電出蛟拔木火雲布空

四望盡赤典史陳機出捕回經湖中舟裂而死

四年丙子大有年

八年庚辰建德出蛟山崩石裂平地湧水數丈大稜

十七年己丑夏旱大饑

二十七年己亥有年

三十六年戊申夏大雨米價騰涌民乏食

四十一年癸丑夏大水

天啟元年辛酉春久雪米貴自此始

崇正元年戊辰秋七月大潦穀不登

五年壬申春三月夜半有蛟自湖出江水湧十餘丈壞

在港官民船五百餘艘俗傳爲黃牛精

十年丁丑大饑民掘白土爲食

十一年戊寅大饑民食白土

十二年己卯大饑

十三年庚辰夏大水是年民惑於竈降神自金陵而上

至本邑咸建醮迎後水湮中寢
十四年辛巳春正月蛟復出江湧水壞船夏大饑冬大
饑民食榆皮土粉
十五年壬午春大饑民多死有攜食於道者則爭奪之
十六年癸未冬大雷電
十七年甲申日光摩盪
國朝順治四年丁亥春大饑夏大水
七年庚寅有年
八年辛卯大饑夏大雨
九年壬辰二月庚戌大潦湖水出江湧高丈餘丁巳地

霞夏大旱田赤禾空

十年癸巳旱冬大雪雨木氷

十一年甲午正月朔地震有聲

十八年辛丑旱

康熙二年癸卯秋大水

三年甲辰冬彗星出東南數月

七年戊申六月夜地震

八年己酉四月朔日食十月初旬大雷雨雹

九年庚戌正月十八日雷大震冬大雪長江凍幾合匝月不解

十年辛亥夏大旱冬不雨赤旱民大饑

十一年壬子夏四月十六日黎明大星起東方如月過處有霞有聲夏秋雨暘時若麥生四穗大有年

十二年癸丑冬寒雨雷電

十三年甲寅春多雨

十七年戊午六月至八月不雨大旱

十八年己未五月至八月不雨大旱

十九年庚申冬十月長星見西方如練起女虛入奎四十餘日

二十年辛酉秋八月地震有聲

二十一年壬戌八月孛星見於角次於房經月乃沒

二十二年癸亥春大淋雨

三十二年癸酉秋大旱無穀棉花熟

三十六年丁丑大饑

四十六年丁亥大旱民饑

四十七年戊子陰雨連月大水民饑山川出蛟壞田廬
無算

四十八年己丑旱大疫

四十九年庚寅夏大雨禾漂沒

五十年辛卯有年

五十一年壬辰有年

五十二年癸巳有年

五十五年丙申二月清明日遊兵動摇數百里閱日乃定大旱五月至九月乃雨江水泛溢盡沒田廬

五十六年丁酉二月宋沙灣檀上元妻洪氏一產三男三月麥大熟

五十九年庚子有年冬大雪深數尺

六十年辛丑有年冬十二月雨木氷

六十一年壬寅有年

雍正元年癸卯夏大水

二年甲辰有年

三年乙巳大有年

四年丙午夏秋大水淹沒田廬

五年丁未六月初二日未時日食如夜移時乃復秋不熟冬米價騰貴

六年戊申有年

七年己酉有年

八年庚戌大有年

九年辛亥大有年

十年壬子大水

十一年癸丑有年

十三年乙卯夏旱湖水盡竭秋大雨

乾隆元年丙辰有年

四年己未夏大旱

五年庚申有年

六年辛酉有年

七年壬戌大水

八年癸亥正月二十五日港口山水瀑湧壞官民船五百餘艘淹斃人民數百十二月彗星見正月沒

九年甲子冬大雪

十年乙丑春大雪

十一年丙寅有年

十二年丁卯有年

十三年戊辰八月十日夜有流星大如月自西而北過
處有聲

十五年庚午夏四月二十三日大雨雹

十六年辛未三月二十七日夜天赤夏米價騰貴

十七年壬申春苦雨民饑

十八年癸酉秋九月癸酉日戌刻有氣如虹看天色紫
白久而沒

十九年甲戌夏六月十二日大雷雨秋大水

二十年乙亥正月二十五日港口山水瀑湧沉溺船隻淹斃人民無數春久雨夏大水五穀不登冬十二月雨木氷

二十一年丙子春米騰貴斗穀百四錢民食草木秋有年十月十六夜地震有聲十一月朔雷雨大雪

二十二年丁丑大有年

二十三年戊寅夏登麥秋有年

二十九年甲申秋大水

三十一年丙戌水

三十二年丁亥秋大水

四十年乙未秋旱

四十一年丙申大水有物自建德河來由江口入江衝裂河岸壞船無數俗傳黃牛精

四十六年辛丑秋旱

四十八年癸卯秋大水

五十年乙巳秋大旱

嘉慶七年壬戌秋旱

九年甲子秋大水

十五年庚午夏六月大風樹屋多拔折

十六年辛未有年

十九年甲戌秋大旱

二十二年丁丑秋七月二十一日雨雪平地寸許

東流縣志卷十五